手機

新世代新人種！

Phono-Sapiens

智人

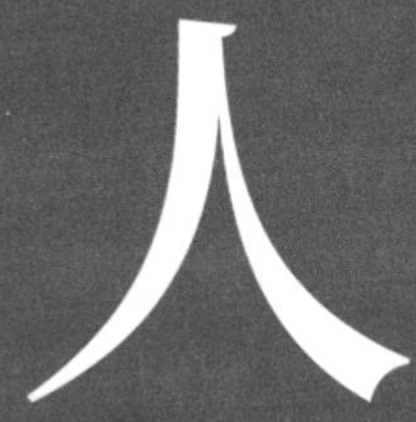

你準備好成為消費者至上時代被需要的人才
並掌握必備的商業戰略了嗎?

作者序

手機智人時代，你準備好了嗎？

韓國長輩們對智慧型手機文明的評價似乎不怎麼厚道，都說手機使人愚蠢。但我們的大腦退化到連朋友的手機號碼都記不起來，多虧了這臺幫我們記錄生活點滴又幫我們處理生活大小事的機械裝置。藉由手機散播的線上遊戲，被認為是啃食青少年精神及心靈的「毒藥」，讓青少年為之瘋狂的社群網站被看成是「浪費生命」，讓人擔憂人際關係的受損及虛度光陰。因過分使用手機而造成副作用的相關報導橫行，韓國搖身一變成為積極防疫手機文明擴散的共和國。雖然副作用的存在是不可否認的事實，但我們也有所忽略，那就是智慧型手機驚人的革新性。

進一步思考一下，現在的人確實是不怎麼背誦，難道我們因而記憶力減退，腦活動銳減了嗎？這麼說並不妥當。我們消化著比過去更多、更大量的數據，過去一直以來由專家、學者獨占的知識，現在卻能用手機即時搜索。有鑑於我們每天接觸到的影像、訊息、音樂等所有類別的資訊，我們的大腦比任何時候都來得博識且有智慧。再讓我們來看看人際關係層面，透過社群網站及社群應用軟體，我們建立了有別於以往的人際關係，關係「輕而淺」的偏見其反面隱藏著驚人的革新性；以更便利的聯絡方式更頻繁地聯絡，也能同時與多位家人、朋友聊天，甚至是視訊通話，也能夠輕鬆地體驗到我們好奇的世界各地學者的專業領域講座，建立網路社區共享新知識共同學習。關於手機副作用偏見的背後，竟然藏有著如此驚人的潛力。

雖然有副作用，但智慧型手機文明就如同雙刃劍般也具有強大的創新潛在力。然而為什麼我們始終如一地只考慮到副作用呢？為什麼資訊科技基礎建設是世界頂尖的韓國，竟然對智慧型手機文明的限制壁壘也成了世界第一呢？

事實上，智慧型手機文明的問世具有破壞性。人類為了阻止破壞性的變化對自己原本熟悉的生態系統造成巨大威脅，而有自我防禦的本能，因此韓國的長輩打著「副作用」的名號，建構起最強而有力的社會性防禦系統，來保護自身生態界。這也不是壞事，因為智慧型手機文明的副作用是不爭的事實。老一輩的長者便強調著為了正確的未來，唯有建立完美的防禦網，才能抑止新文明不斷給我們帶來的副作用。他們深信，築起堅固的防禦壁壘就能守護所有自己熟悉的一切。

然而問題來了，在我們熱衷於保存現有文明時，懂得利用智慧型手機文明的驚人革新性且創造新文明的新種族，在美國誕生了。僅僅10年間，這個新文明在全世界快速擴散，成就了人類文明的交替。這個新種族就是「手機智人（Phono sapiens）」，也就是把手機視為身體的一部分一樣，成天使用手機的人種。全世界已有36億的智慧型手機使用人口，他們正享受著屬於手機智人的新文明，因而市場生態界的破壞性革新正以無法駕馭的速度迅速蔓延。包括亞馬遜（Amazon）、谷歌（Google）、臉書（Facebook）等公司，還有如優步（Uber）、愛彼迎（Airbnb）、Netflix（網飛）等的企業都正以爆發性速度快速成長，全面性地更新著傳統產業，造成產業交替。在亞洲也有阿里巴巴、騰訊、滴滴出行、小米等中國新企業，以身為破壞性革新的先驅，正在急速成長為最優秀企業。

當中國和文明有所分歧時，韓國總是面臨危機。200年前拒絕西方科學技術文明的朝鮮走向滅亡之路；反之，欣然接受西方科學技術的日本卻是稱霸了亞洲，歷史的教訓是顯著而沉痛的。中國的新文明正以強勁的力道向韓國進擊，而韓國的未來取決於當前的決定。手機智人文明已經在中國迅速蔓延，而此劇烈變化的浪潮是任何人都不可阻擋的。顯而易見地，我們能理解，無能阻攔新文明到來的老一輩長者們該有多麼急切的不安。但在此同時，失去革新機會的年輕一代卻承受了挫折，進而導致年齡層間的矛盾與代溝進一步加深，這就是人類文明交替之際我們社會的真實寫照。

我原本是被資訊科技技術的發展所吸引而曾是工程師，一直以來都以「技術改變未來」的信念致力尖端科技的研究，於2005年與梨花女子大學的崔宰川教授一同研究，開啟了我「人類的進化」的新世界，以全新的角度看待人類的進化史，從中找到了「為什麼有些技術會成功，而有些技術卻會失敗」的答案，此後開始以「人類中心」的出發點看待因科技技術引起的眾多變化。我受到進化論、心理學、設計、人文科學等各界領域專家的幫助，才得以進行各領域的結合與研究。

由此觀點來看，智慧型手機文明對人類的變化造成極具衝擊性的影響。我從2011年開始分析研究這些與智慧型手機形影不離的新人類「手機智人」（事實上此經典名詞首次刊登於2015年的經濟期刊《經濟學人（The Economist）》特輯，在此之前我都是使用「智慧新人類」這個詞）。

在以人為中心的研究方法論中，代入「手機智人」公式，所有變化數據所導向的情勢便開始清晰可見，藉由分析手機智人的消費行為數據，並歸納出手機智人所帶來的變化是如何破壞各產業界的傳統消費生態系統，以及是如何將新血注入傳統消費者市場帶領革新，各項數據都藏有一貫性的邏輯。起初，我自己也對這個假說抱有嚴重懷疑，我們將在網際網路泡沫中所受取的悲慘教訓作為借鏡，盡可能排除假說且理性地依照數據進行研究。到了2004年，隨著「手機智人」的誕生，已統整出能夠連貫性說明市場變化的資料。

之後我便開始以「智慧新人類時代」作為主題授課，以作好準備迎接手機智人時代的各企業、政府機關、教育單位等作為對象，進行教學與演講，指出中國正在發生的革命性產業變化的真實面貌，並提出革新方案。在此之後的5年間，進行了超過1200多次的演講，得到觀眾無數的寶貴意見回饋，還獲得珍貴的實物經濟數據，得以彌補理論基礎上所遺留的不足。我便採用準確度更高的分析方法完成統計，且更深入地追蹤世界經濟變化數據。但不知道是幸運還是不幸，過去5年間的中國市場經濟數據與我的預測有著驚人的一致性，不對，甚至是比我所推估的更加快速地往一貫方向猛烈進擊邁進，並持續成長中。

自從2016年讓韓國社會受到衝擊的阿爾法狗（AlphaGo）與李世乭的圍棋對決之後，第四次工業革命開始席捲韓國社會，直到人工智慧圍棋軟體讓韓國9段職業棋士李世乭嚐到敗北滋味後，韓國社會才開始深切地感受到革命時代的到來。而因人工智慧而即將面臨消失的眾多職位，造成了韓國現今社會滿溢著對新科技的恐懼心理；人工智慧、機器人、物聯網技術、無人機、虛擬實境、3D列印等所帶來的數位科技革命，開始被韓國社會視為威脅對象。對於身為非工程師的大眾來說，數位技術應該是個有些陌生且艱澀的課題，因此我悵惘若失地暗自認為，第四次工業革命到來的話肯定會引發大災難。很多人仍認為第四次工業革命仍處於遙遠未來的某處，對於深入到日常生活中的市場革命並不知情，我才開始以手機智人文明的角度來解釋第四次工業革命，把這些數位技術受到青睞的原因以與人類消費行為的變化聯繫起來，分析主導技術開發企業的商業模式，歸納出手機智人時代為什麼需要人工智慧、機器人、物聯網技術的因素。市場在此期間開始快速變化，手機智人文明的預測也完美印證了事實。

本書以「手機智人」新人類為中心，敘述了過去10年間市場所發生的急劇變化。第一章敘述新人類手機智人誕生的起源。分析了智慧型手機的問世與過往尖端科技設備的不同，以及如何影響人類的消費行為變化與文明的變化，也詳述著手機智人們如何自發性地創造新文明。

第二章詳細分析手機智人造成的市場變化，將媒體產業、流通產業、服務業、製造業等多類型產業的結構變化與手機智人的消費行為變化做連結整理。

第三章整理出為了迎接手機智人時代而必備的商業戰略。在過去5年中，接到來自不同產業領域的企業邀約演講時，我必須考慮各領域革新的方向，為此分析了各界成功的跨國企業成功因素及革新戰略。在眾多內容中，我試圖站在消費者觀點，尋找出被消費者所選擇的企業的共同特性，並以此為基礎，對手機智人文明時代的成功戰略分別進行概括統整。

最後一章描述手機智人時代所需要的人才特質。從已經改變的傳統人類觀點出發，釐清傳統教育模式該如何創新，以及提出未來社會所需的新人才特質。分析為了迎戰手機智人文明時代以新式教育獲取成功的教育單位，以及整理出新的學習方法因應時代變化。符合這個章節提出的人才特質的新人才，早已經創業或是被挖角成為跨國企業中的核心人物，引領著新文明的變化。

產業革命已開始是無庸置疑的，我們必須作好萬全準備。而在歷經變化的過程中會伴隨著巨大的痛苦，所以我們必須同意革命並且共同面對革命所帶來的衝擊。無論是哪個國家都會有相同的憂慮，所以為了理解這點，經濟學家克勞斯·史瓦布（Klaus Martin Schwab）寫了《第四次工業革命（The Fourth Industrial Revolution）》。這本書在市面上也出現數千本相關書籍，今後也必定會浮現出更多關於此的議題。

在過去200年間科學技術的發展是革命變化的核心，所以很多人都以科學技術的蛻變為中心解釋革命，前三次的工業革命都是很明確的例子。然而奇怪的是，現在的革命卻是市場導向的，由新一代的消費者主導市場革命。因此，把書本內容定位在消費者身上，也就是手機智人這新的智人上，同時也把「手機智人」作為書名。研究後發現，新種人類領導的市場新秩序幾乎在所有領域中都表現出明顯的一貫性，如果說革命的出發點是日常的市場，那麼整個市場達成共鳴就再好不過了，因為這並非是遙不可及的未來，而是我們每天共同享有的市場。既然市場有一貫性，規畫未來的動向也就容易多了，這是我的期望，也是寫這本書的原因之一。

該如何迎向革命時代？我的答案是「人」。手機智人文明最大特徵是，所有權力都轉移到消費者身上，因而引發產業生態界的地殼變動，所有企業的興衰決定權也落入消費者手中，這就是一個消費者至上的時代，成功的祕訣就是製造出能夠擄獲手機智人青睞的商品或服務，所以「人」就是正確答案。唯有能讀懂人的心思者才能成為好的人才，唯有能懂得關懷體貼他人者才能成為成功人士；團體也是如此，團體也得懂得感動人心才能使其成長；企業更是如此，企業必須真心為消費者著想才能壯大企業。這是任何一項商品或服務都無法以偽善的包裝、厚臉皮地想要持續矇騙過消費者賺黑心錢的時代，我們能夠一起面對這樣的革命時代嗎？

客觀評價韓國在過去30年間所留下的發展痕跡，我敢肯定韓國未來一定會有很好的發展。韓國是以製造業為根本起步的國家，以基準化分析法仿效80年代成長為世界最先進國家之一的日本，韓國以製造業實現了成為已開發國家的夢想，其成果在近100年間無人可比，造船、重工業、鋼鐵等產業陸續達成世界第一，汽車產業也與各世界頂尖企業並肩而立。更震驚的是，對於未曾獲得諾貝爾化學獎和物理學獎的韓國，被稱為尖端奈米科技綜合藝術的半導體產業竟然是世界排名第一。三星電子在智慧型手機、記憶體、面板等手機智人時代不可或缺的重要商品產業中，席捲概括了全球市場首位，韓國製造業就此成為了世界第一。

過去30年間，韓國老一輩為製造業所帶來的成就只能用「奇蹟」來形容 ，但創造此刻奇蹟的也只有「人」。在手機智人時代也是人最為重要，如果「人」是我們要的正確答案，那豈不是我們能做好的事嗎？製造業的精密程度已經發展到了世界的最高水準，再加上過去10年間以驚人的速度成長的資訊產業的爆發力，我們還能打造出令全球消費者為之瘋狂的新產業或新產品嗎？就至今的成果來看完全是有可能性的，可以把手機智人時代作為跳躍的契機，值得鼓起勇氣一搏，眾多數據都指出我們可以拋開恐懼並且邁向新時代。我想透過這本書和大家分享步向新世界的勇氣。

在過去的5年裡，我只專注於如何克服革命的時代的方法，持續投入於分析手機智人的出現是否真的在市場變化中扮演著核心角色、市場範式是否發生了轉變、在哪些領域變化最快、又以何種速度擴散等各種議題。由於我的知識淺薄，因而獲得很多專家的幫助。幸虧這個理論與我的假設全然吻合，醞釀起出書的欲望，但我仍然抱著忐忑不安的心完成了這本書。

把本書獻給不停鼓勵我挑戰新世界的人生導師金永鎮教授，也誠心感謝崔宰川教授對我這不懂事的工程師灌輸以人為本看待世界的思維，也感謝創造三星電子奇蹟的「人的力量」讓我有深刻感悟的權五鉉會長，以及感謝親自向我揭示手機智人文明時代之企業樣貌的金峯鎮代表。對於幫助我建立手機智人時代觀點的點子設計師樸容厚，也深表感謝。如果沒有能讓我深切體會到世界變化的實物數據且給予我研究機會的各大韓國企業，本書便沒有機會出版。也在此向各位讀者朋友獻上我的感謝，持續分析新文明變化並與我共享資訊的各位朋友也都是本書的另一位作者和主角。

當我向諳知手機智人文明的年輕一代授課時，為了讓年輕一輩明白他們迎來了多麼龐大的機會時代，並且告訴他們應該要作什麼準備，我總是盡己所能地提高嗓門；而同對新文明感到畏懼的年老一輩演講時，我總是想盡辦法鼓勵他們，告訴長輩們我們所積累的經驗和知識能夠成為開創新時代的浩瀚資源，以及引導他們如何適應新時代，帶領他們克服問題。但說來也好笑，反倒是我每次站上講臺時都被恐懼所吞噬。每當這種時候，聽過我演講的各位朋友們都給足我勇氣和希望，讓我不再顫抖。聽了我的故事後，回饋給我說你們找到了人生新道路並表示感謝的每個人，你們發光且充滿希望的眼神給予我寫書的勇氣，所以本書的主角就是各位讀者朋友們，同時也是所有故事的主人。在大家的支持下，本書為世界增添了些許光彩，也期望本書能對生活在革命時代的許多人有所幫助。

夢想著引領手機智人文明時代，奮力朝向韓國的美好未來躍進。

崔在鵬

CONTENTS

第二章
嶄新文明邁向「狂熱」

第三章
隨選服務翻轉商業

第四章
前所未見的「新」人類降臨

第一章

「手機智人」新人類的誕生

PHONO SAPIENS

1

美國大型百貨公司倒閉，
就連擁有百年歷史的《時代（Time）》雜誌公司
也宣布破產並被收購，
韓國花旗銀行收掉了90家分行。
因為現在我們有購物需求時不必跑超市或百貨公司，
也不再看報紙，
存錢也不必親自跑一趟銀行。
這到底是怎麼了？
數十年間固有的日常習慣如何在一覺醒來之後就改變了？
這全拜「手機智人」這個新世代人類的登場所賜！

革命前夕

手機智人的湧入

2015年3月，英國財經新聞媒體龍頭《經濟學人（The Economist）》所刊登的週報封面大標題為《手機行星（Planet of the phones）》，內容是寫關於「手機智人（Phono sapiens）的時代已到來」，報導中討論到「現代社會造就了新世代人類文明以智慧型手機為生活不可或缺之必需品」的觀點，為使用數位文明的新世代人類「手機智人」定義，如下：

「因智慧型手機的問世，我們得以超越時空限制與身處世界各地的朋友聯絡，且能夠將資訊快速分享而消弭了資訊隔閡；然而另一方面卻大幅增加了沒有手機就難以度日的龐大人口數。此新詞彙就是專門來形容人手一機的廣大群眾們。手機智人這個詞彙由英國財經週刊《經濟學人》所起，將生物分類學學名『智人（Homo sapiens）』意指有智慧的人，與新造語『手機智人』作對照，『手機智人』一詞就是指依賴手機的現代人」。

「手機智人」一詞的出現，反映出智慧型手機的問世帶給了人類生活急劇的變化。2007年哀鳳（iPhone）首次亮相之時也未有人預測到人類社會將迎來手機時代，就連賈伯斯（Steven Jobs）都預想不到時代的變化速度如此迅速。哀鳳流傳於市面上的過去十幾年間，智慧型手機成為帶給人類生活「資訊革命」的重大變化媒介。

人類史上的新頁

以下開始討論的內容幾乎全是以賈伯斯為首而衍生的議題，我們無法不談論他。賈伯斯為21世紀眾所皆知的成功企業家，為人類帶來了資訊革命。哀鳳首次亮相時，大眾不過覺得哀鳳只是能隨身攜帶又能玩手遊的普通手機而已，然而哀鳳卻跌破了眾人的眼鏡，成為開創現今人類文明，進而引領資訊革命的重要媒介。智慧型手機的誕生不過十餘年，它的使用者卻超過了30億人口，也就是全人類中的40%都是自發性地奔向智慧型手機的懷抱，為人類開創了新的文明史。

簡單來說，賈伯斯創立哀鳳之際，手機智人新種人類也同時一起誕生了。與智慧型手機為生命共同體的新人類，正勢如破竹地以任誰都無法阻撓的神速進化中，創造出新社會、新市場、新生態。

賈伯斯以不平凡的一生畫下句點，讓我們來回顧一下他的過去。賈伯斯為未婚媽媽所生，從小被領養長大，大學讀了一年就休學，就此陷入電腦的魅力轉換了人生跑道。1976年賈伯斯與史蒂夫·沃茲尼克（Stephen Gary Wozniak）共同創業，也就是今天的蘋果（Apple）公司，並壯大蘋果的規模。然而卻在1985年被公司理事會驅逐。

青少年時期的賈伯斯住在加州，當時的他沉迷於迷幻音樂與神祕主義，對冥想有著濃厚的興趣，也時常探討與思考人類的本質，因此我們可以從賈伯斯所設計的所有產品及商業模式中發現其都蘊含著賈伯斯對人類的關懷與哲學。賈伯斯從「人們喜歡的東西」作為出發點剖析人的本性，所以賈伯斯的事業版圖是沒有界線的。

1985年，賈伯斯創立了次世代軟體（NeXT）公司，且收購了皮克斯動畫工作室（Pixar Animation Studios），投身於動畫電影產業這全新的領域。科技一遇上賈伯斯，總是能成為神話。憑藉著知名動畫片《玩具總動員》橫掃票房冠軍大獲成功，在電影史上創下新紀錄的賈伯斯，以一千萬美元收購了後來2006年以74億美元被迪士尼收購的皮克斯動畫，擴張了次世代軟體的事業規模。

1996年，蘋果收購了次世代軟體，賈伯斯以最高經營者身分回歸蘋果公司，就此開創了人類的新歷史，蘋果播放器（iPod）的成功，為日後賈伯斯著手開發畫時代產品哀鳳的一大主力。2004年賈伯斯被診出患有胰臟癌，並接受大型手術，但賈伯斯並未曾向病魔屈服，更是於2007年讓哀鳳公開亮相。他總是身穿黑色高領與牛仔褲出席發表會，現在則是成為了留名青史的傳說，他手中的哀鳳可說是扭轉世界的革命裝置。

科技建立在愛之上

賈伯斯並不相信光靠科學技術就足以掀起世界革命性的變化，因此他夢想著能夠深入人心，探索人的內心世界，進而製造出人們普遍喜愛的商品，並將所有人類喜愛的元素裝進哀鳳裡。

賈伯斯向我們展示了科技該如何準備未來，他留給我們的訊息很明確。

「人是中心。」

賈伯斯明白所有可能實現的科技，是一位以人類為中心發展的設計師兼工程師，更是改變世界的創始者和革命家。這本書就是從智慧型手機的誕生說起，所以在此必須向智慧型手機之父賈伯斯致敬，今後科技時代的變化觀點也都包含著賈伯斯的想法。

「中心並非科技，而是人類。」

以人為中心深入人心而發明的智慧型手機，使人類發生了急劇變化。變化浪潮是如何引起的？會改變到什麼程度？還會帶給未來多大規模的變化？就讓我們一起出發去探討知道一切真相的手機智人世界吧！

新權力

掌握資訊選擇權的人類登場

第四次工業革命是全球議題，最近也成為韓國最熱門的話題。第四次工業革命的開始意味著世上將面臨劇烈變化。人工智慧、機器人、物聯網、大數據、無人機、自動駕駛汽車、3D列印等被認為是引領第四次工業革命的科技產物，成為大眾討論的一大議題。

只因為這是大眾口耳相傳的議題，所以知道這些科學技術的重要性，然而仍未有具體產業化的實體物，多數人才只能茫然若失地以為這是日後將要開發的未來科技。雖然大多數人對第四次工業革命的意識仍模糊，但仔細觀察我們的日常生活，這個看似陌生的話題主角似乎早已深入我們的日常生活中。

日常早已是革命

首先，因為大部分的銀行業務都可以使用手機處理，最近必須跑銀行辦事的情況大幅減少了。根據2018年統計數據顯示，80%以上的銀行交易件數都使用自動櫃員機及網路進行，臨櫃交易件數則只占了10%以下，很多分行其實都是多餘的。事實上，韓國花旗銀行於2017年關閉了127家分行中的90家分行，分別於韓國各地區設立複合式金融中心，關閉了80%的分行，僅僅一年利潤就回升了7%。除了韓國花旗銀行之外，也有許多銀行預告要在10年內收掉多間分行，並且普及強化網路銀行市場。

物流產業方面，百貨公司及大型超市等銷售額整體上都明顯減少，但線上購物的訂單數及銷售額卻是大幅增加。美國在短短2017年至2018年一年間，大型百貨公司總數量已倒閉了三分之一。曾為美國百貨公司一大指標且擁有125年歷史的西爾斯（Sears）如今也逃不了破產魔掌，即便美國經濟狀況不錯卻導致百貨公司倒閉，其關鍵在於以亞馬遜（Amazon）為首的線上物流。物流產業掀起了革命旋風，韓國的線上交易從2018年開始迅速增長，年銷售額突破了100兆韓元，尤其是手機線上購物漲幅最為明顯。

傳播媒體產業更加嚴重，在過去的10年裡，韓國電視臺的廣告市場足足減少了50%。我們原先預測每年的銷售額將會增加5%，而制訂了五年運營計畫，如果5年內市場本身持續縮小的話，公司就免不了要倒閉。我們正設法硬撐過這個危機，但美國傳播媒體產業已經被大型併購案、破產案及拋售案橫掃而過。著名的電視臺和報社幾乎全換了東家，具有百年歷史的《Time》雜誌最終也在破產後被收購。再將目光放到韓國，韓國的傳播媒體產業結構也發生了變化，大眾是多看韓國放送公社（KBS）的節目呢？還是「油管（YouTube）」？未來收視費用應該上繳給哪個單位呢？

沒錯，看似生疏又遠在天邊的革命，其實早已深入了我們日常生活的市場經濟。只不過人工智慧、機器人、物聯網這些東西還未全面介入這場革命罷了。

那麼市場革命的原因又是什麼呢？我們必須正確掌握市場革命的起因，才得以應對革命導致的巨大變化。企業可以擬訂生存戰略，我們每個人當然也可以規畫自己的未來。

生物界的崩解

其實原因很簡單，就是因為有了智慧型手機。最直接原因就是使用智慧型手機後消費行為發生了改變。不必親臨銀行也可以用智慧型手機辦理銀行業務，當然就可以收掉多餘的銀行分行。即便不親自造訪百貨公司或超市，也可以用智慧型手機購買各種商品，百貨公司的銷售額勢必會減少，甚至是面臨倒閉。電視節目也是一樣，以往堅持透過電視收看節目的人口，現在都能藉由智慧型手機搜尋自己喜歡的節目，不必死守電視機螢幕等重播時間。

我們都知道革命的直接原因為智慧型手機的問世改變了人類的消費方式，但我們有沒有注意到一個可怕的事實？如此急速的變化都出於人類本身自願甚至是樂意接受的。全世界已有36億人口使用智慧型手機，韓國也從2018年進入一人一機時代。

這一切變化都發生在2007年哀鳳誕生後的十餘年間。無論是在任何教育機構或是電視臺，都沒有進行任何關於讓人民使用智慧型手機的教育性課程或節目，數億人口自願學習且堅持學會那些困難的數位裝置，這種由自發性選擇所引起的變化，以另一個詞彙來表示，我們可稱之為「進化」。

進化的驚人之處在於絕無逆變。到了2022年，全世界人口將有80%都會使用智慧型手機，我們可以肯定今後智慧型手機文明一定會更加快速傳播。未來社會將會為人類解答，沒有人知道我們將會走向什麼樣的社會，但有鑑於智慧型手機和網際網路，數位文明社會的發展是顯而易見的。我們必須對於智慧型手機的電子交易文明有著正確認知，了解電子商務交易的特色及電子商務是為了何種人設計、創造和擴散傳播，我們也必須對此新文明不熟悉的長輩們抱持更多關懷。

智慧型手機帶給人類最大的變化就是改變了人類的思維。人類基於生物性的限制，人類的思維方式基本上是固定的。已經有許多專家學者對於人類的思考模式進行研究並發表論文，最具代表性的學習理論就是《蔓延理論（Meme Theory），它是指閱讀資訊，並且把資料複製到大腦，構成人類思維的理論。「複製」是學習的基礎。嬰兒從出生開始就模仿父母的行為；成人也不例外，依然進行著許多複製性的模仿學習，閱讀資訊後複製到大腦形成思維，因此我們接收到的資訊不同，想法就會不同。智慧型手機問世後，人類所接收到的訊息發生了變化，36億人口的想法當然也隨之起變化。由此可知資訊傳遞的變化是個人和社會改變的最大原因。

社會的資訊傳播系統不外乎也發生變化。過去30年間，新聞與電視廣播是資訊傳播的主要媒介，如今新聞與電視廣播的力量卻是明顯衰減。據韓國統計廳（Statistics Korea）資料顯示，2007年韓國所有家庭中，收費報紙的訂閱率為73％。早上投遞報紙時，有73％的國民會在同一時間內看到同一份報紙，並且複製資訊，因此全韓國國民每天都吸收了一樣的資訊，進而導致韓國國民們的思維都大同小異。由此得知媒體的力量相當強大，整個韓國社會的大眾意識也相當鞏固。但即使大部分在路上擦身而過的每個人，都有著類似的想法，其實並沒有錯；一直以來新聞媒體本身具備的啟蒙力量在維護社會裡都扮演著非常重要的角色，甚至也可以說，大眾意識的複製是維持韓國社會的穩固基石。

然而自從2009年11月蘋果的哀鳳在韓國上市之後不過10年，韓國社會的資訊傳播系統發生了巨大的變化。報紙的訂閱率驟降到了20％，這樣的巨變遠比我們表面上感受到的來得更加嚴重。2018年某韓國大企業培訓新任科長時，曾向3500名30多歲的學員詢問有無閱讀報紙的習慣，只有9名學員回答有，但更年輕一代的大學生們幾乎都不閱讀報紙。

當然絕非不看新聞報導，反倒是接收了更多的報導和資訊。韓國通信公司統計資料指出，過去10年裡，每人平均移動數據使用量增加了百倍以上，資訊傳播的速度隨著進入長期演進技術（LTE）時代正在加快，如果剛起步的5G時代正式到來，資訊傳播速度還會更快。人們幾乎無意識地頻繁查看確認手機上的訊息，無論大腦是否有意識到此行為，都會將得到的資訊進行複製，再將複製完成的訊息轉存為人類的思維，此說明了現今人類大腦進行了大量的思考。所以，究竟有哪裡不一樣呢？

新標準　無逆變的進化

首先，每天反覆的大眾意識形成過程已消失了。即使早晨裡報紙照樣被投遞，人類的思想同步複製情形也不會發生，當然大眾意識也不會形成。人類閱讀資訊的模式也全然不同了，手持智慧型手機的人類知道資訊的選擇權掌握在自己手中，讀取資訊的方式因而進化。人類的大腦喜歡能為自己帶來源源不絕快樂的資訊內容，這就是進化的方向，現代人利用智慧型手機只接收自己喜歡的訊息並複製轉存為各自的思維，使得人類的想法個人化。傳統傳播媒體雖然依然重要，但不再像過去一樣享有絕對權力，傳統傳播媒體的影響力正日益減少，隨著擁有資訊選擇權的人類帶著新權力的登場，因而出現了「得不到選擇便無法生存」的新標準。

隨著資訊傳播系統和權力的模式改變，韓國社會正面臨著大規模混亂，這個慌亂的現狀因已跟上資訊革命腳步的社會成員們而起，他們已改變的想法正訴求著社會新標準，從而引發混亂。過去被認為是慣例，現在卻成為不能接受的犯罪行為，也是個要因；建立個人化觀念的大眾，已不能容忍任何侵害個人幸福及權益的不合理權力。

事實上，韓國社會為了組織的安寧和發展，常藉著「慣例」的名義默認有權者的不當暴力。然而隨著社會發展與個人化觀念的接軌，現代社會不再能容忍任何不合理行為。更何況使用智慧型手機隨時隨地都可以捕捉到任何的行蹤，也都會留下紀錄，應該受到指責的行為也逐漸浮出水面，無法再以過去的方式隱蔽。道德的新標準已開始落實，但絕非過分的表現。還不熟悉當下環境的人感到混亂是理所當然的，但此乃社會進化過程的自然現象。「我也是（Me Too）運動」與性別之間的衝突就是具有代表性的現象，這種變化是社會成員們意識變化的自然現象。

未來社會結構變遷還會持續下去，社會標準的變化可能引發很多副作用。但可以肯定的是，新人類訴求新的社會標準、新的道德標準和新的常識，對於不能夠適應變化的一代來說，可能是困難重重，但這卻是必須適應的現實。

X世代的錯覺
「新世代」已是「舊世代」

社會學家們把人類依不同的時代特徵作區分，根據最普遍的分類方式，現今的年老一代相當於「嬰兒潮世代」。嬰兒潮世代的定義如下：**「戰後或是經濟不景氣、經濟狀況嚴重蕭條時期後，在社會經濟復甦且安定情況下出生的世代。」**

在韓國「嬰兒潮世代」是指從1955年至1963年出生的人口，當今韓國社會中大部分領導階層都屬於嬰兒潮世代，可以說，這是韓國社會普遍穩固法律秩序及構成社會基礎的世代，也是積累充裕財富同時面臨集體退休的世代。

繼嬰兒潮世代之後的下一世代被稱為「X世代」。其定義如下：**「1965年至1976年出生的世代，以莫不關心、無定型、否定現有秩序等為特徵。」**

從90年代中起，追求擺脫權威、邁向個人自由社會的新世代，被稱為「X世代」，X世代的人們創造了新的文化，並將電視帶來的大眾文化擴大成巨型粉絲文化，更是深深沉迷於剛登場的網際網路，自X世代開始以網絡為基礎的社會文明就此深耕，也是開始享受網路文明的第一個世代。

下一個世代就是數位消費革命的主角「千禧年世代」。雖然1980年至1996年間出生的千禧年世代年齡最小，但在當前的「手機智人經濟體制」下，他們則是最有能力的一群領導者，正活躍於當今社會。之所以沒有將近期的市場急劇變化定義為「變化」，而是使用「革命」這個有些尖銳的詞彙，是因為推動市場的主力世代發生且經歷如此急劇的變化之故。

嬰兒潮世代與X世代

嬰兒潮世代是1970至1980年間世界文明發展的主角。這個時期以科學技術發展為基礎，開始大量研發出新商品，在快速改變人類社會的同時，實現了「現代文明」的新生活方式。嬰兒潮世代建設了雄偉的城市文明且拓展至全世界，嬰兒潮世代的成員們對於自己一手打造的文明可說是非常自豪。

韓國人所經歷的過往今來差距非常大。有一群韓國人出生於國民所得100美元以下的時代，他們餓著肚子辛苦地熬過童年，用自己的雙手打造國民所得2萬美元和現在3萬美元的時代，嬰兒潮世代的他們也將韓國建構成現代的面貌。美國早在1930年代就實現了摩天大樓文明，60年代即達成了與目前韓國水準相當的城市文明；西歐國家也差不多；日本也幾乎以相同的神速迅速發展，且在1980年代成為世界最富裕的國家之一。實際上當時的韓國無法與這些國家相提並論，可說是完全沾不上邊。然而韓國急起直追，很快地縮小了與諸富國的差距，當初因戰爭殘破不堪，也曾是世界最貧困國家之一的韓國，俯仰之間晉升為能與世界強國平起平坐的國家，這要歸功於嬰兒潮世代。嬰兒潮世代因此堅信自己的判斷正確且相當有邏輯道理。從韓國的社會發展史來看，他們確實是創下豐功偉業的世代。

緊跟在嬰兒潮世代之後的X世代，則是拒絕大規模生產、大量消費的社會體制，在固有社會框架下試圖嘗試多樣生活方式刺激變化，但仍大致上接受並促使既存社會商業體系的發展。負責1990年代和2000年代初發展的X世代，在1990年代中期創立網路公司，創造以網絡為基礎的新世界，但也因2000年網際網路泡沫的破滅而重回既存社會。

隨著網路處理一切的新時代到來，網路所引發的革命性變化使得韓國社會面臨重大危機。曾身為網際網路與電腦文明創造者兼消費者的X世代需要調整一下步伐，以便展開21世紀初艱辛疲憊的生存戰爭。國際市場不久後又重新回到金融和製造時代，許多企業憑藉著新技術，大規模推出新產品，並藉由大眾媒體的廣告力量，向全世界銷售大量商品。隨著市場擴大及交易量增加，金融市場的發展更加被看好，製造業與金融業相互合作共同開創共榮的時代。像是中國、印度、非洲、東南亞國協等龐大人口市場的爆發性擴大，被譽為現代化三大必需的「製造」、「金融」、「能源（石油）」為核心的全球經濟，將以前所未有的速度快速增長。

韓國社會仍以製造、金融、能源為中心，往往將依賴手機和電腦銷售的資訊科技產業視為只是一個消費性產業，透過長期經驗的積累而形成了「資訊科技只是工具，無法成為商業中心」的觀點。

成為壯年的X世代

以製造、金融、能源為中心的社會最適合嬰兒潮世代施展能力。製造以技術為中心，需要長期的開發經驗與知識的累積，大量生產「技能知識」尤其重要。韓國各家電子公司為了趕上日本的索尼（Sony），從1980年代起便投資了不少心力，但在30年間裡遲遲無法取勝也是因為「技能知識」。汽車產業也是如此，100多年累積的技術實難超越。金融是靠資本力依規制操作的產業，以英、美為中心的金融市場早已累積了龐大資本力，並依循自己制定的規則來運作世界市場，像韓國這樣的後起之秀，根本不敢挑戰固有的全球體系，在作為全球儲備貨幣的美元失勢之前想扭轉局勢，本身就是不可能的。「技能知識」發揮了嬰兒潮世代所制定的秩序和網際網路的最大力量，然而對於屬於新世代的人們而言，如果不服從既存社會秩序就難以生存。以石油為首的能源市場也是依循規則來運行，產油國本身具備能源優勢，而那些非產油國則必須設法確保自身的能源能夠長期穩定，這就是能源界的潛規則。此外，若沒有石油，人類就會滅亡，所以能源產業可說是維持國際秩序戰略性的最關鍵產業，只要人類存活的一天，能源的重要性就不會減少。石油是歷史悠久的能源產業，石油產業的成敗仍是由長期研發的技術與人脈來決定的，並非光靠努力，石油就會突然產生，因此老一世代累積的經驗和能力變得相當重要。

如同2010年以前全球市場核心產業中心為「製造」、「金融」、「能源」，現今與過去相比，此三大產業依然屹立不搖，沒有太大變化。因此，嬰兒潮世代扮演著主導市場、積累財富、決定社會秩序的核心角色，是理所當然的常識。

X世代活用資訊科技技術，修繕現有系統以配合擴大規模的企業和市場，扮演著強化嬰兒潮世代所建構的全球市場體系的重要角色。比起作為新產業的消費者兼新產業的創始者，X世代的成員更踏實地履行了作為市場生態界繼承者的功能，社會架構因此更加牢固，在社會中所累積的經驗及實力即代表著這個人的地位，因此向地位較高或資歷較深者表示禮貌，仍是有效的禮儀表現。雖然我們總是教育學生創造性思維很重要，但其實它是指在社會組織框架下進行創意思考，而非脫離固有框架之外。即便有人偶然以創意獲得成功，但此絕非整個社會的常態現象，所以進入堅固的社會組織成為生存的一大要事，而在社會組織架構下屹立不搖且成長的人，會被社會評價為賢明者；甚至為了社會組織的安寧和發展，對看似不合理的倚老賣老等逾矩行為或暴力，也假藉「社會慣例」名義，加以袒護包庇，這則是韓國X世代的社會常識。

跑於秩序之外的人們

曾經為韓國主要社會梁柱的嬰兒潮世代和X世代也走過與世界文明相同的道路，因韓國是以製造為中心的國家，所以沒有選擇的餘地。在三大核心產業中，韓國能做的只有製造，而製造業是唯一能依靠人力取得成功的領域。之所以敢說韓國不簡單，是因為韓國是唯一一個嬰兒潮世代在歷經第二次世界大戰後，在沒有任何基礎建設的慘況下一舉成為一大世界製造國。當然社會衝突、秩序混亂、不合理，甚至荒誕的社會事件也很多，但突破紊亂、撐過艱難時期後，現在韓國已是受全世界矚目的「製造大國」。作為尖端科技的集大成產業，半導體、面板顯示器、智慧型手機等產業已躍居世界第一。另一方面，現在面臨些許困難的鋼鐵、造船、重化學工業設備等產業也長期保持世界第一的位置。汽車產業競爭相當激烈，甚至連美國企業也面臨破產，在此艱難情況下，韓國還能排名世界第5、第6位。近期韓國還以自身研發技術，成為第七個成功開發火箭發動機的國家，這是相當不容易的。

一言以蔽之，韓國真的是非常了不起的國家。創造這一切的就是嬰兒潮世代和X世代，當然他們值得自豪，也有資格左右社會體系，透過無數努力創造了令全世界嘆為觀止的奇蹟，這兩個世代當然也值得享受他們所栽培的收穫。在沒有資本、資源的情況下，韓國的嬰兒潮世代和X世代創造了全世界國家都渴望打造的製造業全球競爭力；在30年歲月中持續成長，使韓國社會發展至今，他們可以趾高氣昂地說：韓國可是「我創造的國家」。對現今長輩們來說，這是理所當然的。另外，在嬰兒潮世代構築的框架上，X世代投資了無數心力，培養了眾多全球製造時代的主要企業。

現在的長輩就是當初的嬰兒潮世代及X世代。

「延續著我們鋪陳的道路前進的千禧世代，期望他們能在我們創建的體系下更加精益求精，研發更優質的產品，創造更高的銷售額，使千禧世代成為韓國發展的軸心。」

以上是長輩們的想法。韓國社會老一代長者們的觀點是，康莊大道是嬰兒潮世代開闢的，X世代拓寬成二線車道，再拓建成四線車道的高速公路，當然是輕而易舉。由此可見，政府所制定的政策、創造就業機會、社會福利、教育等絕大多數社會制度中，以「製造」為中心至今仍是主流觀點。對有創業想法的青年們傳授製造業成功的祕訣，是件繁瑣的事，長輩們認為創造就業機會的核心當然是建設工廠、吸引海外企業。長輩總是教導年輕人光靠技術就能取勝，畢竟成功的經驗就是靠技術革新，所以對老一輩來說，這是理所當然的想法。

老一代的政治傾向分為對立的兩派，韓國社會以製造業為中心的企業構成，分別由經營者和勞動者兩方意識組成，所以在偏向勞方或偏向資方的問題上，兩極分化的政黨互相隔空對峙進行鬥爭，是極為普遍，此為過去50年間長輩們所制定、不成文的韓國文明。政治、經濟、產業、市場、社會全都以兩黨互鬥為運作基準，而且大多數人也認為，資方與勞方議題造成的兩極化社會是今後韓國的發展方向。

然而革命來得太快，一切事物早已起了變化，猝不及防。

消費勢力的更替

現在是孩子引領世界

如果當初2007年沒有哀鳳誕生帶來的市場革命，我們應該會繼續這樣生活下去吧！千禧世代也只努力學習、念書，然後進入前一代創立的優良企業，慢慢學習工作業務，就這樣走著老路存活。但是既定的一切事物在智慧型手機誕生之後都變得錯綜複雜，至少對嬰兒潮世代來說，這是全然無法理解的變化。

邁向不同文明

隨著手機智人時代的全面到來，在千禧世代成為新文明創造者的同時，也成為了主要消費客群；反之，曾經作為文明主角的嬰兒潮世代和X世代，卻讓出了原先的位置。因為現代年輕人使用智慧型手機進行交易、消費、接收媒體資訊，也重新定義金融系統，不熟悉現代手機文化的老一輩將無法繼續主導社會文明。老一輩們在建構核心產業的過程中所累積的知識和技術的重要性急劇下降；反之，熟悉智慧型手機和社群網站生活的千禧世代，對數位文明貢獻的創意雖小，但其價值卻暴漲。憑著哀鳳的誕生，在僅僅10年間讓領導世界的主人從60多歲族群汰換成30多歲族群。

以資本和全球經濟的角度來看，現今這個時代的領導者已是千禧世代，新蛇正以他們的觀點逐漸形成。當然也並非指現有社會已完全消失。但無可否認的是，隨著電子消費文明的擴散，使得原先的消費文明習慣變得十分罕見。然而這個問題也可能是轉機，往日頻繁成長的傳統消費市場急劇萎縮，相反的一面，新的電子消費市場正爆發性地擴張；雖然整個韓國社會面臨危機，但也同時迎來機會。以投資者的觀點當然會選擇迎接機會，原先傳統消費市場因此銷售額和投資大幅減少，危機進一步地加劇。危機與機會是革命的兩個面向，對於熟悉傳統體系的老一輩來說，面臨危機，但對千禧世代來說，卻是迎向機會。

韓國當今的局勢對嬰兒潮世代和X世代來說，是非常冤枉且難以容忍的，至今還沒發生過這樣的變化，更何況任何人也沒預料到10年後會發生如此變化。然而現實不容否認，市場革命也不是遙不可及的未來，而且早已是現在進行式。在嬰兒潮世代還是30幾歲的時候，韓國巧妙地度過了從無到有的革命時代，他們在韓國土地上創造了奇蹟。現今韓國仍然有足夠的潛力，絕不能因討厭改變而阻止世界文明的交替，所以韓國必須跟上新文明變化的腳步。這就是革命傳達給我們的訊息，創造震驚全世界的偉大發展的韓國嬰兒潮世代與X世代需要接受的革命信號。

現在，我們必須再次學習並且掌握新文明，以全新的世界觀與成為新市場主角的千禧世代合作，我們不能只嚷嚷著電子消費時代的副作用，而是必須做出相對的努力，引領新時代轉變。我們可以親自使用智慧型手機購物、處理銀行業務、觀看油管，從中感受新文明帶來的變化。如果說這個世代裡有了奇蹟般的創世紀壯舉，即便必須面臨挑戰，又有何不可？

韓國的各世代特徵

1950

嬰兒潮世代：1955至1963年間出生（韓戰以後）

- 國民所得低於100美元
- 在發展過程中歷經貧窮、軍事文化、分裂和冷戰
- 最後的珠算世代，也是不諳電腦的第一代
- 目前為社會上級領導階層
- 自2019年起退休人口激增，經濟活動人口減少趨勢

1960

X世代：1960年代中期至1970年代後期出生

1970

- 青少年時期曾經歷六月民主運動（譯註：1987年6月10日至29日韓國爆發的大規模民主運動），在民主化時期中成長
- 在物質、經濟豐饒中成長
- 形成1990年代「橘子族」（譯註：1990年代稱經常過度消費，享受開放性生活的富裕階層年輕人）獨特文化
- 因1993年愛茉莉太平洋（Amorepacific）的「TWIN X」廣告，「X世代＝新世代」被廣泛使用

1980

千禧世代：1980年代初期至2000年代初期出生

- 大多數為嬰兒潮世代的子女
- 精通資訊科技，大學升學率高
- 從小接觸網際網路，對手機及社群網站應用自如
- 在就業困難，工作品質下降等惡劣條件下進入社會
- 有放棄或延後結婚與購房的傾向

1990

2000

如何畫分世代的標準及正確的分界線有很多爭議。此書以韓國社會狀況為基礎，分析、區分世代及其特徵。

趣味的反擊

開上遊戲機臺的計程車

使用智慧型手機的36億新人類「手機智人」正在創造新的文明，尤其市場變化是最具革命性的。在這裡革命的意義是「新系統迅速取代既有系統的現象」。以現在的變化速度來看，市場明顯處於革命狀態。

36億人口的手機智人

以使用智慧型手機的人類為標準，重新以電子消費型態登場的新文明，這是36億人口手機智人的選擇，在電子消費迅速成長的同時也獲得了黃金機會。然而，既有商業模式空洞化的現象隨之發生，使得市場經歷了史無前例的危機。那麼，先來正確理解手機智人是什麼樣的人種？他們正在創造的電子消費文明帶有何種特徵？又會帶給市場什麼樣的影響？

使用智慧型手機的人口都可稱為「手機智人」，其約占全世界總人口的40%，更確切來說，手機智人是當中收入水準較高的一群。當然，使用智慧型手機的人口中，每個人使用手機的用途並非相同。主要使用通話功能的「傳統電話」概念，或是使用簡單的搜尋功能或通訊應用軟體等的使用者可視為手機智人的程度1。屬於程度1的這群人使用手機搜尋資料獲取知識、閱讀新聞、進行人際網路交流，並非數位文明的積極參與者；他們在使用智慧型手機時，基本上只使用原先內建的應用軟體，或是因為受到誰的推薦而下載使用其他應用軟體。

至於程度5，他們就是積極使用智慧型手機應用軟體的一群人，他們廣泛地使用智慧型手機於各樣領域，也使用它處理銀行業務等用途。使用手機應用軟體管理財務也意味著對智慧型手機整體系統有充分且正確的理解，唯有明確了解智慧型手機與電腦功能不相上下的認知，才能正確利用網絡下載程式，登入系統及認證個人資料等複雜程序，網路銀行的應用軟體就是個很好的例子，如果使用不當，可能會造成個資外洩或財物損失，若是無法正確理解網路銀行應用軟體或是畏懼使用網路銀行處理財務的話，則不推薦使用。因此，我們可以認為，使用智慧型手機打理銀行財務的人已是充分掌握手機應用軟體的消費者，幾乎可以憑著自我意識使用所有的手機應用軟體。程度5的是電子消費文明的積極用戶兼傳播者，也可以說手機智人程度5所占比率越高的社會，電子消費文明擴散的速度就越快。

如果將手機智人的最高等級訂為程度10，那麼身為程度10的他們可以被稱作創造電子消費文明的「開發者組織」。無論是開發系統的軟體專家，還是熟悉電子消費模式的商業企畫者、市場商人等，所有參與建構電子商業模式的人都屬於手機智人程度10。這群人可是數位文明轉換期裡炙手可熱的人才，所以一定要好好掌握他們的一舉一動。另外，也請大家想想自己屬於手機智人的哪個等級吧！

數位文明的整體性

程度10的手機智人基本上對以電腦及網路為基礎的數位文明具高度了解，而且大都是年輕人，這群人也是現代社會主力的「千禧世代」。這群人在1980年以後出生，從小接觸網際網路和電腦，也常是線上遊戲的玩家。他們的大腦對數位文明的理解與老一輩的完全不同，程度10的手機智人相當了解關於電腦、網際網路、如何下載及連接等活用高科技的技巧，畢竟想玩線上遊戲或是手遊等，就必須具備相關知識。

從大腦活動活躍的童年開始，千禧世代的這群人就相當喜歡玩線上遊戲，他們有著對高科技的理解為輔助，在遊戲中累積了新穎的生活經驗。進入線上遊戲所提供的虛擬環境後，便能享有駕駛、身歷戰爭、經營國家等的各種體驗，尤其當許多玩家同時登入相同伺服器時，可以互相在遊戲裡見面、交流、進行交易等行為的「文化」體驗，相當讓人沉迷其中。透過遊戲過程自然而然地具備了數位文明的整體性，雖然遊戲是虛擬的，但與人所有往來的行為都將成為教育裡重要的一環。因

手機智人各等級的手機用途

程度1：

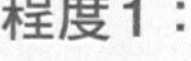
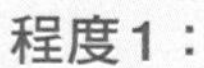

程度5：

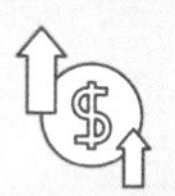

程度10：

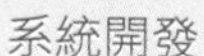

此，在數位文明中人們應該注重自己該具備何種禮儀，思考應該以什麼樣的方式進行交易和要進行什麼樣的對話，這些細節都必須被本能化才行。

千禧世代對科技有充分理解，對網路文明也相當熟悉，智慧型手機一上市就瘋狂起來，即使沒有受過專門手機教育也會自行研究如何活用手機。千禧世代的他們理所當然地認為智慧型手機等同於攜帶型遊戲機，而且沉迷於手遊世界。賈伯斯開發的應用程式商店（App Store）成了擴散手遊的生態界之神，眾多遊戲開發者上傳的遊戲遍及全世界，大量的資金湧入後，有更多的遊戲開發者也流入應用程式商店。好玩刺激的手機遊戲產業像滾雪球一樣越滾越大，喜歡遊戲的玩家也持續爆增，快樂的手遊體驗透過網路及手機的普及快速傳播。手遊產業搭上智慧型手機普及化的熱潮，手遊的擴散也可說是手機文明的起點。

因畏懼築起的防護罩

年齡代溝的問題也相繼產生，對於小時候沒有接觸過網路及電腦的長者們（嬰兒潮世代和X世代）來說，手機的通話功能仍是主要目的，長輩們會認為只要能使用手機基本內建的新聞、搜尋、簡訊、電子信箱等應用軟體就很棒、很足夠了，因此他們有可能認為把智慧型手機當作遊戲機的年輕人文明是非常怪誕且不可理喻的、相當不好的現象。學生時期本應該認真工作學習，年輕人卻只沉迷遊戲甚至遊戲中毒不工作，這可是一大社會問題，長輩們便加以批判這些年輕人，導致手機副作用的負面形象深深烙印在大眾心裡。

其實這是自然現象，老一輩長者們總是先入為主地認為自己是社會的主角，現在出現了自己不易操作的電子裝置，比起享受手機帶來的便利，當然是先把矛頭指向手機造成的副作用。身為前輩而不喜歡年輕人們所喜愛的新文明，可能是基於自身的排斥心理，因為韓國從家庭至社會團體等各方面都深受儒家思想薰陶，越是輩分高的人就越受大家尊重，年齡長、輩分高的人不論在韓國社會的任何地方都能得人敬重。所以，從老一輩的立場來看，智慧型手機的問世並非值得歡迎。隨著時間的推移，韓國社會對手機副作用的批評越發強烈。對手機副作用所致的批判反映在韓國的法律和潛規則上，不過在過去10年間，韓國為了減少智慧型手機帶來的副作用，便在數位文明之前築起了一道屏障。

但也絕不能說長者們錯了。在社會中建立法律和制度，本來就是社會成員共同認知的重要維護社會價值之正當行為，也是社會共識。因此，現今韓國的規章制度可說是，因這些認為自己是社會主角的老一輩們針對減少數位文明的副作用所達成的協議，在民主社會中發生的「自淨作用」，絕不能認為是錯誤判斷。

然而韓國好像沒有失誤，問題卻發生了。在韓國急切降低手機所致副作用時，出現了巧妙運用智慧型手機的革新能力來創造新文明的對象，正是一群利用智慧型手機創造新文明的美國青年。以為該在玩遊戲嬉鬧的年輕人向傳統消費習慣下戰書，挑戰改變消費型態。他們先假設所有消費者都使用智慧型手機，並將他們熟悉的手遊模式運用到現有的商業模式中，希望改變傳統商業模式，然後這個企業便應運而生，就是今天的優步公司（Uber）。

只要有趣就能得我心

優步公司的創始人崔維斯・卡蘭尼克（Travis Kalanick）為了開發個人對個人（P2P）對等式網路在矽谷設立了公司。創業10年終於取得些許成功的卡蘭尼克，用有限資金挑戰了非常新的領域，用手遊方式成立了類似計程車的叫車公司，原先公司被大眾認為是瀕臨倒閉的公司，從既有常識來看毫無成功的可能性。計程車產業營運了100多年並沒有發生大變化。因為簡單、方便，幾乎找不到需改善之處，舉手招呼計程車即可乘坐，依據跳表機上的金額支付費用即可，這項服務不僅不太需要教育培訓，也不需要專業的設備。相反地，優步則比較複雜，只有擁有智慧型手機的人才能乘坐；從2010年的標準來看，能夠成為優步顧客的人數還不到計程車的十分之一，畢竟優步是智慧型手機上市不到兩年就開始經營的公司，再加上應用軟體和信用卡需要連接使用。大眾認為像這樣困難如移泰山的繁瑣規定肯定不便民，因此當初普遍認為優步與計程車市場根本無法競爭。

兩產業的服務性質也幾乎無差異，同樣都是送到目的地，同樣需付費。優步事業初期為了吸引客源，便將費用調低，比一般計程車費用低10～20%左右，這是唯一與計程車的差異。甚至有人嘲諷說：到底有哪些美國市民會選擇把自身安全交給不認識的人。傳統的計程車公司也不太擔心市場問題。然而，優步以巧妙的差異讓自己具備競爭能力，搭乘優步的微妙乘車經驗和像遊戲般的體驗等帶給乘客快樂的新奇感，優步的成功跌破了大眾的眼鏡。

優步與計程車有什麼不同呢？優步強調遊戲體驗，在伺服器新增舊金山電子地圖，讓顧客有操作遊戲機臺的體驗。想乘車的顧客需下載應用軟體，並且在地圖上標注目的地，此時遊戲機臺螢幕上就出現按鈕，顧客再按下按鈕即可開始遊戲，遊戲開始後導航系統就會開啟，看著導航螢幕，大腦就會自動認知是遊戲。司機們能滿心愉悅地去見客人，就像玩遊戲一樣，使用優步的乘客也一樣，上車之後便能抱著玩遊戲輕鬆的心情一直抵達目的地。這些搭乘優步的美國市民就是哀鳳用戶，當時哀鳳用戶們可是對新文明滿懷好奇心且樂在其中，優步無論是表達目的地方式或是乘車方式都是全新的、新鮮的，沒有必要非得親口說明地址，像玩遊戲一樣跟著導航就可以了。到達目的地後也不必當場付費，支付由應用軟體所連結的交易系統自行完成，到達目的地後只要抱著玩了一場精彩遊戲的心態下車就可以了。優步會詢問司機是否親切，只要回答即可。這就是傳統計程車與優步的差距，優步的乘車體驗非常有趣，所以優步有自信地認為人們不會乘坐計程車，而是選擇優步。真的是這樣嗎？

令人嘆為觀止的是僅僅這個差異，優步便在消費客群中迅速擴散，大家紛紛開始乘坐優步。智慧型手機以不可思議的速度快速普及化，因此搭乘優步的人也大幅增加。時隔3年，優步重重打擊了傳統計程車產業。飽受驚嚇的計程車產業相繼提起訴訟，這也是情有可原的。營業計程車必須有執照，所以計程車司機們主張：沒有提供執照的優步是違法的。2014年美國最高法院對該訴訟作出以下判決：**「從消費者立場來看，既已初先創新服務，就應該公平競爭。因此，優步用新技術開發新的商業模式，對消費者而言應該是必要的產業創新，因此是合法的。」**

回想起來，廢除馬車，脫穎而出的計程車現在請求保護簡直是無稽之談，竟敢對法院的判決有所異議，違反法院精神。這個判決反映出一直身為各產業先驅的美國精神。但從計程車的立場來看，這是非常令人震驚的判決，這個判決也成為了引發全球計程車產業，不，應該說是全球消費市場革命的決定性契機。優步之後拓展到全世界各大300個城市，成為新文明，也是共享經濟的象徵。我想定義優步為「手機智人時代的計程車」，新交通文化是由追求樂趣和體驗的手機智人選擇打造的。

新人類的自發性選擇

至少從韓國文明的標準來看，2014年美國最高法院的判決是錯誤的，優步合法化很明顯是社會破壞行為，韓國依然認定優步違法。但也正如先前所提，韓國社會的決定絕非錯誤判斷，各行各業的本質是一樣的，沒有執照經營就是違法。所以，這並不是韓國的錯，問題出在全球市場裡竟然出現改變文明標準的國家。美國最高法院無視維持百年的計程車既得權問題，因此判決的正當性引發爭議。而這個極具爭議的優步合法化從那時起迅速在全世界各地傳播。創業僅10年的優步以驚人速度成長。專家進而預測，正準備股票上市的優步企業價值將上看1200億美元（約新台幣35億8500萬元）。沒有專利、沒有工廠，與傳統計程車無多大區別，優步以如此驚人速度遍及全球市場是最頭痛的問題，也是最大的錯誤。當然，從韓國社會的標準來看更是如此。

優步公司成長的原因很明顯。以2017年為例，使用優步應用軟體（Uber App）結算的金額達8108億元，除去配給司機的5945億元，還剩下2163億元。但令人驚訝的是，儘管如此，卻出現了810億元的赤字，部分原因是優步將原先公司擴大規模投資了2972億元。但值得一提的是，2017年第4季銷售額成長率比前一年提升了61%，所以投資者們要求進一步擴大規模。這些數字如實地呈現出優步的企業價值。2018年優步更加速成長。近期優步美食外送（Uber Eats）的收入開始超越搭乘優步的收益，這又證明了新的挑戰正在另闢成功。

百年來穩定的計程車產業在不到9年的時間就如此蕭條，其原因是什麼呢？答案很簡單，就是因為「新人類的自發性選擇」。乘坐過優步的手機智人再也不需要坐計程車；想搭乘交通工具移動時，自然而然就會打開優步應用軟體。優步並非使用龐大資金併購中小計程車產業，而是消費者的選擇自動轉變了，就像拋棄馬車選擇汽車一樣，這就是法律無法阻止優步擴張的最重要因素。

無逆變的進化

在韓國，優步仍是違法的。共享汽車創業公司「Poolus」、「KAKAO T Carpool」服務等遵守現今韓國法律，其他設法挑戰韓國市場的風險企業全部挫敗。韓國社會認為以大規模資本和技術經營計程車公司，使得傳統計程車業者破產是不道德的，這是有一定的道理。韓國國民和政府也正為此爭議苦惱，不能說哪一方錯了。

沒錯，可以繼續像現在這樣用法律抑止新型計程車企業，保護原有的傳統計程車。但是，如果說優步對計程車產業的破壞是因手機智人這種新種人類自願選擇造成的，那麼究竟法律的力量又能阻擋優步多久呢？如果說優步的成長是手機智人時代開始的象徵，那麼用法律制裁來阻止一切是對的嗎？如果說新人類的選擇導致銀行關閉分行、實體商場倒閉、電視臺工作機會減少一半，那麼我們能否以法律加強管控來遏止改變呢？

答案是「不可能」。韓國在歷史上已經歷過多次同樣事件。每當中國發明新武器和產生新文明時、每當歐美的科學技術發展有所成就時，曾身為小國的韓國就得嚐嚐挫折和痛苦的滋味。全球市場已經選擇了新文化和新文明，這個起源於美國的文明早已席捲中國，蔓延至東南亞，也大舉邁向韓國市場。在國外有嚐過新文明甜頭的人，目前也正強烈主張消費者應具備新的選擇權。歷史一路發展至今沒有例外，基於人類的選擇，進化沒有逆變，這就是全球市場變化向我們傳達的革命訊息。

我們沒有優步和計程車混合使用的經驗，所以對有了優步就能輕易拋棄傳統計程車這點感到詫異，韓國社會能對計程車產業置之不理嗎？但想想看，韓國歷史上已經有過類似經歷。向智慧型手機的忠實客戶提問一下好了。第一次使用手機匯款的那天心情如何？這個問題有點敏感呢！到底匯款時，應該親自前往銀行，而不用手機匯款，還是只要體驗一次便利新經驗之後，一想到「該匯款了」，就打開手機上的網路銀行呢？我個人是30年來跑銀行櫃檯或利用自動櫃員機匯款的「老一輩」，但是體驗一次手機匯款的壓倒性便利之後，這30年的老習慣在大腦中如謊言般地被抹去。雖然很遺憾，但這就是人類，這就是進化的速度。正因為如此，手機智人時代才來得如此快。

現在，手機智人文明時代的擴散已是無法回頭的路，更是人類該選擇的時候了。所以我們必須弄清楚手機智人有多麼與眾不同、他們喜歡什麼、又創造了什麼文明？讓我們來深入探索一下他們的世界吧！

遊戲本能

「浪費」搖身變為「富」

智慧型手機從2010年開始普及化。2007年在美國上市的哀鳳從2009年起進軍全球市場（韓國也於2009年開始販售）。2010年推出首款安卓（Android）手機，「三星蓋樂世（Samsung Galaxy）S」問世後，大規模智慧型手機才得以普及。截至2018年，智慧型手機問世10年來全球用戶數已突破36億。而繼全球最早上市的手機之後（1983年在芝加哥的亞美泰（Ameritech）首次推出行動電話的商用服務。韓國在1984年開通此服務），用戶突破20億人耗費了22年時間。然而智慧型手機用戶在上市後8年的2015年已突破20億，可見智慧型手機市場生態界的擴大速度有多快。

智慧型手機上市後不僅以神速擴散，還導致人類生活方式起了劇烈變化。使用智慧型手機後，人類改變了獲得資訊的平臺，也引發了連鎖效應的心理變化，使得消費行為發生改變，衝擊到全球市場。尤其是熟悉數位文明的年輕人開創了智慧型手機文明，體會了過去無法享受的便利，他們成了新時代的主角。

遊戲文明的新世界觀

正如前所述，引領手機智人時代文明的階層是千禧世代。千禧一代是從小開始利用網路和電腦玩遊戲的世代，深入理解來看，他們大都對幼時玩的線上遊戲懷有美好回憶，在自主學習最優異的時期所體驗的網路遊戲趣味，讓他們深深記住了新世界、新思維的面貌。同時與老一輩共享了之前沒有經歷過的新數位世界，這個經驗成了日後社會巨變的契機。

「人類是遊戲動物。」

荷蘭歷史學家約翰・赫伊津哈（John Huizinga）將享受遊戲的人類稱為「遊戲人（Homo ludens）」。遊戲人用遊戲掌握人類本質的人類觀，這裡的遊戲不單指玩樂，而是精神上的創造活動。對於樂趣的追求是人類的本能，因此十分具有遊戲中毒的傾向。

以深入人類研究為基礎，賈伯斯研究了新人類的裝置。他成功地透過音樂擄獲人心，接著他看中了遊戲。這也是蘋果於哀鳳上市初期，在「應用程式商店」上市多樣遊戲、鋪陳遊戲生態界的原因，以對遊戲的強烈中毒性和擴散力，試圖實現智慧型手機這一支支陌生機器大眾化，結果大獲成功。對於已經沉迷線上遊戲的千禧世代來說，哀鳳就是最棒的遊戲機，他們透過應用程式商店體驗了多種遊戲，而手機智人新文明便以驚人的速度傳播開來。

賈伯斯不執著於智慧型手機的產品設計上，而更加利用應用程式商店這個平臺打造可以讓蘋果公司、遊戲開發者、消費者一起共生享受的生態界，這可是一大創舉。完全符合超連結社會特徵的商業模式，賈伯斯創造的自由市場引發了全球市場生態巨變。以基準化分析法效仿蘋果成功的谷歌（Google）在2010年與三星電子攜手推出類似的安卓生態系，與蘋果相比，安卓生態系統更加開放，在眾多企業與用戶的參與下，安卓生態系統得以更迅速更大規模地成長，促使人類變化。在現今智慧型手機生態界裡，遊戲靠著手機的普及化現在已成為人類社會的最大宗休閒產業。

「千禧世代」在幼年時期累積的網路遊戲經驗，造就了與他們父母一代「嬰兒潮世代」截然不同的特殊思維系統。熱門線上遊戲大多跟連結性有關，吉恩立舒服特（NCsoft）的《天堂》就是款代表性遊戲。《天堂》為漫畫家申一淑的同名漫畫改編遊戲，以10世紀左右歐洲的假想世界「亞丁王國」為遊戲背景設定，根據世界社會經濟制度進行策畫的遊戲。登入《天堂》的玩家可以進入虛擬世界，跟隨國王和騎士簽訂領土合約，體驗封建制度生活。在這個虛擬世界的體驗於玩家心中萌生了新世界觀，玩家玩遊戲的時間越久，就越能夠同時體驗現實世界和虛擬世界，來往於兩個身分之間，使得人類發生改變。1998年上市的《天堂》大受歡迎，使吉恩立舒服特成長為大型企業。對於人口數量龐大的千禧世代來說，《天堂》成功地讓玩家沉迷於遊戲虛擬世界中的樂趣。

新的變化往往形成兩派觀點。一方面成就了成長速度驚人的新產業，另一方面卻出現了遊戲中毒的社會問題。遊戲上癮是一個很頭疼的問題，如果人們比起鬱悶的現實世界更加重視幻想般的遊戲虛擬世界，這個問題一旦變得嚴重就會出現對現實適應不良的人，對自我意識不足的青少年來說更是一大問題。因此儘管韓國的遊戲產業取得了巨大成功，但遊戲產業仍被視為持續限制對象，這反映了比起正面，對於負面影響更為敏感的韓國社會特性。

數位化遊戲的飛躍

對於沉醉於線上遊戲且將遊戲視為日常的世代來說，2007年推出的智慧型手機不是電話，而是一款魅力無法擋的遊戲機，從那時起數位遊戲文化再次樹立新的里程碑。如果說智慧型手機對於長輩是舊型傳統手機再加上了搜索和即時通訊的產品，那麼對千禧世代來說，智慧型手機就是將只能透過電腦連接的虛擬世界、引入24小時日常的「魔幻通道」，千禧世代更是陶醉於遊戲開發者創造的多樣又新穎的虛擬世界，在遊戲世界裡度過了很長期的時間。

老一輩認為千禧世代的這種狀況是如毒癮般的嚴重手機副作用，因為現今電腦在使用上有場所的限制，所以遊戲上癮也有限，但如今迎來可以24小時與遊戲共存的時代，只從破壞現有價值觀的手機副作用的角度來看，手機中毒隨處可見，沉迷社群網站就是一個手機中毒的例子。「遊戲是毒品，社群網站是浪費人生」，國家因此利用法律來限制這種現象，阻止其擴散。千禧世代還未具備成熟思想，因此要防止智慧型手機擴散帶來的副作用，是大人們達成的一致的共識。

老一輩並沒有理解到這是在虛擬世界累積的經驗而形成的「數位文明世界觀」。千禧世代並不是因為年幼就笨得像傻瓜一樣只顧玩遊戲、虛度光陰；千禧世代以透過遊戲累積的經驗為基礎，尋找新鮮的創造性工作。「如果世界上所有人都手握網路遊戲機，你會選擇從事什麼事業？」千禧世代造就了無法用沒有虛擬世界觀的長輩們思維，打造出多樣化商業模式。最具代表性的就是前面提到的優步，優步的理想設定是，如果所有人都有攜帶型網路遊戲機，那當然也可以用遊戲的方式經營另一個乘車產業。

2008年創立的愛彼迎（Airbnb），其出發點也是一樣。愛彼迎的初始想法是「如果所有人都擁有智慧型手機，那麼旅行將會如何改變？是不是可以把在家玩的房間變成新的收益來源呢？」手機智人思考新人類思維方式和生活方式，投入於各可能適用的新產業。然而對老一輩來說，愛彼迎是從企畫開始就被認為是無法理解的、困難的、不像話的產業。

優步是為理解數位文明的人所提供的一種乘車服務，沒有智慧型手機的人不能使用。從某種意義上來說，與傳統計程車相比，優步是某些人的虛榮心、是不公平的。儘管如此，手機智人們還是對優步狂熱，不，乾脆說是拋棄了計程車。韓國現今社會竟然有個說法，說全世界團結抵制，優步就會滅亡。當然可以滅亡，不過即使優步倒閉了，傳統計程車也會重新奪回這個位置嗎？來福車（Lyft）的企業價值在2017年達到了115億美元，該領域的商業生態已經成熟。優步登場後，在中國有「滴滴出行」，東南亞也推出了客來博（Grab）等新型乘車服務。這就是我們面臨的世界消費文明的嚴肅現實。

千禧世代選擇了更符合自己世界觀的服務，引領著消費市場革命。他們的消費能力超過了以往的X世代，在市場上占據了最高的位置。傳承千禧世代的Z世代，對數位消費文明更是熟悉，就不用贅述。數位時代的世界消費文明潮流正式到來，無論歲月怎麼流逝也無法阻擋變化。

革命的兩張面孔

進化是宿命

目前的韓國社會仍然無法適應手機智人所創造的新文明，甚至常因此感到困擾。這是由於儒家思想深耕韓國社會，比起讓老一輩的長者們快速適應年輕人們創造的新文明，韓國社會依然是傾向於尊重長者們原先所建立的固有社會體系，不會選擇輕易打破儒家思想所形成的潛規則。由此可見韓國社會依然是相當保守，期待韓國社會將由智慧型手機為我們帶來新文明與蛻變的年輕一輩們，則是隱約充斥著不滿又不願打破儒家思想文化為自己發聲。在此同時我們也可以觀察到因智慧型手機的問世所帶來的各種負面現象，包括許多傳統企業的倒閉、漸行漸遠的人際關係、工作機會大量減少等困境，這些棘手議題也都被反映在輿論上。

反之，要在媒體報導中搜尋出智慧型手機為我們帶來美好的例子，是相當困難的。或許受高齡化衝擊的當今韓國社會害怕著新科技文明，是理所當然的，這完全反映出當今的韓國社會心理懼怕新科技文明將帶來衝擊。然而諷刺的是，韓國身為全世界公認的年輕人使用智慧型手機最活躍的國家，卻面臨著年齡代溝所導致的社會現象，智慧型手機帶來年齡層間的矛盾更是嚴重問題。

無限擴大的人類能力

暫時把智慧型手機造成的副作用問題擱置在一邊，先來探討新文明革新為韓國社會帶來的好處。新人類手機智人一邊在時代進化的同時，也獲取不可小覷因蛻變所生成的能量。讓我們抱持正面的態度來討論一下「視手機為身體的一部分」使用智慧型手機而改變的幾項優點。

對韓國十幾、二十歲的學生而言最關心的當然是升大學，因為會根據進了哪間大學而影響到整個人生發展，所以考生們忙著升大學考試而無暇顧及他事。但如果考試內容全能利用手機查詢得到呢？升大學能力考試分數勢必會飆升，甚至會導致無法辨別考生能力的情形，考試分數顯然會失去它的辨識度。但未來人類有可能受到手機使用上的限制嗎？把資訊硬是記下來，光憑著記憶力處理工作問題的時代早已過了，現在手上握著手機的36億人口，都可即時於各大搜尋引擎及網路平臺谷歌、維基百科（Wikipedia）、油管等搜尋到各自需要的資訊並且活用。智慧型手機的問世不過才10年，智人誕生的歷史7萬年間都不曾出現過當前這種數十億人口智力集體提升的情形，人類凝聚的革命力量是不可限量的。

另一方面，文明複製的速度也是不可輕視的。《自私的基因》這本書的作者理查・道金斯（Richard Dawkins）定義「媒因（meme）」這詞彙為文化基因，並與生物學名詞「基因」作比較說明。媒因是文化資訊傳承的單位，是想法、行為或風格等在人群中的傳播過程。人類透過大腦複製訊息並再將資訊傳達給他人的反覆過程，成就了文明，也讓全世界各地衍生出不同的語言、文化及思維模式，人類對抗人類而發生的文化仿製已大舉入侵現今社會的同時，大眾媒體的核心也同樣產生巨變。人類相似的思維透過報紙、電視、廣播等主要大眾媒體為媒介即時大量複製，大幅加快了文明的發展速度，現代國家因而擁有類似的文明體系。1990年代以後，知識的擴散速度和範圍藉由網路加速了大眾媒體的傳播速度。

2010年後，智慧型手機的大眾化和行動無線網路的發展完全顛覆了過往的生活，在媒因的傳播範圍內爆發了變革性的「量子性跳變」，手機智人透過網際網路的連結即時交流，互相掌握重要資訊並進行複製，同時向數十萬、數千萬人再次擴散所得訊息，音樂影片能夠在短時間內觀看次數突破數百萬、數千萬、數億，成了司空見慣的現實，了解到將同樣資訊傳播給30億人口所需時間比10年前到底縮短了多少，就能深刻感受到手機智人時代的威力。

外語「Phono-sapiens」中的「sapiens」意旨「智慧」，現今人類生存的祕訣是能夠進行「智慧思考」，因而被稱作「智人」。「思考」對人類來說是最重要的財富，而人類進行創意思想不可或缺的「媒因」，其複製方式、速度和擴散範圍都在手機智人時代無限擴張。

可以肯定的是，不能否認它有副作用的存在。缺乏個人隱私、紙本書籍帶給我們的感動不再、現代文明過於即興迎合大眾，這些都是事實。但是讓我們重新思考一下，就在這些副作用產生的同時，出現了強勁有力的嶄新可能性。但願我們每當看見智能手機造成的副作用時，也能想一下智慧型手機帶給我們的可能性到底有多美好。機會與危機是革命的兩張面孔，我們必須學習在危機裡發現機會，無視機會只會留下危機。

人類可以使用智慧型手機隨時隨地獲取維基百科中的知識，一有新消息馬上在一天內就能傳到30億人口耳裡，這就是手機智人時代的正義。隨著劇烈的社會變化，人類變化已經開始了。在變化的漩渦中，是要把人類新得到的強大能力視為「副作用」還是看作「淨效應」，這就要考驗我們的智慧了。

進化之路已定，努力將副作用最小化固然重要，但僅憑這些並不能為未來作出任何準備。此刻我們必須同心迎接新的文明時代，這就是革命。我們不能為了守護以前從西方流傳至今的文明而亂了腳步，應該為社會的未來接受新的文明標準，即使過程痛苦也要齊心協力，一步一步摸索跟上社會的新標準。讓社會改變的有力領導者，也就是社會的大人們，必須學習新文明不可的時候了！

新人類的旅行

讓「假想世界」成為商機

手機智人的商業模式出發點與過去不同。正如同我們從優步或愛彼迎所看見的一樣，反映出現代人不同的大腦結構是以虛擬世界設計出來的電子商務。

新人類引領的「規則變革」

2008年8月，將傳統飯店服務轉型為遊戲模式的愛彼迎誕生了，這是智慧型手機誕生一年後的事情。配合網路與伺服器將世界地圖轉化為遊戲地圖，遊戲玩家「宿客」與「房東」。有房可提供住宿服務者，註冊為「房東」並登入遊戲。地圖上可見全世界房東們登記的房間都用按鈕顯示，計畫旅行的人可以作為「宿客」登入遊戲，走進熟悉的電子地圖裡，像玩遊戲一樣按下所選的房間按鈕。旅行中不一定得見房東，有需要的物品也都可以透過聊天室與房東溝通。旅行結束也代表這局遊戲也結束了，住宿費用便會匯入房東的戶頭裡。

成為住宿網路平臺的愛彼迎在短短10年裡企業價值突破了310億美元，成為了世界第一的住宿企業。傳統飯店生意紛紛開始走下坡，各大旅行社也遇到前所未有的困難。近期旅遊市場爆發性成長，傳統飯店企業面臨危機，新型企業面則迎接多種機會，在全球各地不同市場版圖裡都提供同樣的幾個住宿平臺的服務，新形式的旅行社也開始出現，旅遊產業正在形成龐大的手機智人生態系統，新人類的旅行文化正在改變市場局勢。

優步和愛彼迎是破革性的新企業，前者將現有傳統計程車產業重新包裝為優步，後者將現傳統飯店產業重新改造為愛彼迎，它們是贏得新消費者「手機智人」選擇的企業。當然，這些企業與傳統社會結構間有所矛盾，產生了副作用。但各樣商業數據都已證實改變的文明是不可逆的，新型企業們正在不斷擴大服務，讓產業生態多樣化，得到更多消費者的投資與選擇。

常識需要改變

如果我們無法從我們的孩子手中奪走智慧型手機或是將網路消滅，他們的選擇就是無可阻擋的變化潮流。很明顯地，消費主力世代將轉向手機智人；在數位文明下，他們的思維模式及生活方式需要與商業模式一同改變。即使是當下最新、最潮的產業，一旦跟不上時代的步伐便會被時代淘汰，就像計程車一樣。從住宿市場產業交替的速度來看，更不用提其他領域，大家也心裡有數。

因此，常識也需要改變。在自己原先所屬的各大商業領域裡，都必須加入手機智人的新生活消費習慣，並設計因應變化的新措施。首先，必須放下引導過去社會成功的常識和經驗，將我們的眼光對準手機智人新文明。每個手持手機的消費者正以過去無法比擬的速度移動，並且選擇新的生活方式。只有獲得他們青睞的企業才能生存的時代悄然而至，即使改變常識相當困難又不便，但這是現實對我們發出的暗號，每個人都必須要適應新文明。

全球市場發出的信號燈

消費標準已改變

手機智人的日常和過去有很大的不同。根據安卓統計資料指出，韓國人平均使用智慧型手機的應用軟體時間一天約4小時（2018年第一季資料顯示），尤其40歲以下年齡層使用手機的時間偏高。如果這種高科技電子設備像身體器官一樣被我們使用，與手機融為一體就能更快速地適應數位文明。

現代人動腦的流程已經變了。有疑問時，不必問任何人，而改成直接拿起智慧型手機查詢資料。大腦無意識地改變了學習知識的方法。在過去沒有地圖資料和道路認知能力下，開車是非常危險的行為，所以要在短時間內把乘客送到目的地的計程車司機屬於專業職業，由國家依法進行執照管理也是正確無誤的。然而現在智慧型手機提供精確的電子地圖和即時路況，智慧型手機顛覆了只有透過長時間經驗累積的專業性。如果沒有具備導航這項技術的智慧型手機，優步和愛彼迎也絕不會成功，甚至說這些企業可能根本就沒有存在過。

現代人類已經習慣手機智人文化，認為只要持有智慧型手機就能暢遊無阻，甚至誤以為手機的功能就是身體機能的一種；手機電池一沒電，身體還會感到部分痲痹而陷入慌亂，手機的多樣功能完全擴充了人類的基本功能。

手機智人即使不親駕銀行，也能處理多項金融業務。據韓國銀行調查，全韓國國民有46%的人使用網路銀行（2017年調查數據），20、30幾歲人口為最大宗，70%以上經常性使用網路銀行，比率仍在持續攀升中。人類已經習慣網路銀行，一推出新的網路銀行服務，手機智人就會想嘗鮮且善加利用新服務。

自行選擇了變化之路

2017年亮相的卡考銀行（Kakao Bank）得益於簡便又可愛的使用者介面，一年內吸引了680萬名用戶。在業界仍對金融業採保守冷漠態度的傳統銀行市場中，幾乎沒有金融背景經歷的卡考銀行可說是一顆金融界的閃亮之星，卡考銀行取得的成功是時代改變的有力證據，足以證明20至30歲的年輕人能夠深入手機智人的生活方式。

其他領域的消費習慣也有眾多變化。想聆聽音樂時，比起購買卡帶、光碟等實體商品，點開手機螢幕連接麥隆（Melon）、精靈（Genie）、油管等平臺已是常識。網路平臺上販售服飾、生活用品等的比重也迅速增加，導致百貨公司、大型超市等的顧客數量逐漸減少。這是全世界共同的消費現象，熟悉智慧型手機的消費者自行選擇改變，都是大數據證明下的事實。

然而，人們不太喜歡變化又守舊，要利用高科技設備打造新的商業模式其實很困難。首先，必須先向消費者介紹產品和教學陌生的設備該如何使用，因而幾乎不可能迅速擴散創造成果。例如，本來需要親自跑一趟銀行才能處理的業務，現在可以透過學會網路和電腦來解決，但前提要「學會上網和使用電腦」，這就成為障礙；想到得先理解新工具可能比跑銀行更困難，人們就會傾向放棄學習，所以網路銀行的普及還需要長時間努力。2000年初的網際網路泡沫也是因為這種學習困難，可見消費者的改變速度並沒有想像中快。

智慧型手機改變了這個現象。人們認知到手機不是電子裝置而是自身的一部分，便開始積極學習相關網路服務。隨時隨地都可以進行學習和複製，手機的效用是電腦無法比擬的，實為驚人，所以現今社會才會出現無止境的複製，新文明以驚人的速度傳播，現已成為新的消費標準。手握智慧型手機的新人類已得到即時解決金融問題的能力，而日常業務也會為了提供最佳的服務而快速更新。透過社群網站緊密連結的超連結社會新文明，其傳播速度超乎想像；新服務的出現，讓消費者利用手機即時傳播資訊、聚集客戶，讓曾風光一時的傳統企業退出市場，手機智人新文明最終改變了人類生活方式且賦予人類新的能力，導致市場結構變化。

至今仍很難把智慧型手機與自身結合的老一輩們，會因時間的推移與電子消費文明產生更大的代溝。年齡越長，所得收入水準越低，對於網路銀行的使用率就越低，當然信賴度也就越低，調查結果充分說明了嬰兒潮世代與X世代對於新文明有多麼陌生。

命中注定的手機智人時代

智慧型手機並非很難學的裝置，覺得有必要才開始學習的話，比較容易學會。其實，60歲以上的長輩們中也有很多喜歡手機智人文化，但在老一輩人們中，卻仍有不少人抱著「哪怕只是一點皮毛也不想學」的想法。一直以來我們長期認為網際網路和智慧型手機文明只是引起副作用的「壞東西」，父母們仍常對孩子們嘮叨說「用手機玩遊戲、社群網站，只是浪費生命」，很多長輩對在地鐵裡、捷運上只盯著手機而疏遠書籍的現象有所感觸。「非得學習，以避免副作用」這點不是件值得提倡的事情，但如果覺得智慧型手機有點不便、不習慣、不想面對，其實就是與時代潮流疏遠了，甚至至今還有人炫耀說「我依然使用2G手機，生活也沒有不便之處。」他們依然認為沒有理由必須去學習困難的新東西。

10年不到，文明的標準卻發生了改變。雖然不使用智慧型手機也能生活，但是和使用智慧型手機的人們相比，生活中感到不便又困難的狀況層出不窮。熟悉的市場被破壞、在消失，不滿生活變得困難的情形當然也隨之而來。日常生活習慣日益改變，自身的工作受到威脅。革命已開始蔓延，回過神來，整個世界充斥著數位文明，而這一切變化對大多數老一輩的人來說，是一場無法醒來的夢魘。

每當人類面臨急劇變化時，人們總會經歷同樣的事。每當工業革命時期都有相當多反對聲浪等遊行運動記載於歷史上。英國的盧德運動就是一個具代表性的例子，一牽扯到工人自身的生存問題，為了避免飯碗不保而破壞機器的暴力蠻橫運動，是相當常見的。然而誰也不能阻止人類的選擇。紐約極盛一時的馬車產業因汽車問世而沒落，也發生了同樣慘劇；汽車的出現對馬車、馬伕、馬產業等的原先生態界造成破壞、威脅。但在混亂中，人類最終選擇了革新，改變是人類進化的方向。

人類因智慧型手機的問世開啟了新的文明時代，現在應該攜手向手機智人時代邁進。雖然長輩們所創造的文明也非常優秀，但現今新一代的選擇是新的文明。既然是全世界50%的人口選擇的文明，亦是今後會持續發展的文明，每個人就應該接受。我們必須放下委屈、惋惜，應該要欣然學習新文明，這就是「第四次工業革命」的市場革命面貌，也是整個全球市場向韓國、向每個國家傳達的信號。現在仍不遲，每個人應該學習這10年來人類發明的新文物，並從中尋找新的道路。革命是命中注定的，手機智人時代已開始，我們現在必須跟上新的文明步上康莊大道。

第二章

嶄新文明邁向「狂熱」

PHONO SAPIENS

2

音樂的消費模式快速地往其他消費文明擴散，
近期，變化速度持續加快。
轉向網路商城消費不再造訪實體店面也是，
俯仰之間，事過境遷。
現在粉絲文化正在引領消費時代邁進，
傳統商業生態界力量逐漸消退，
新消費文明迅速擴張。
從防禦的立場來看，是一大危機；從攻擊的角度來看，
是一大機會，
前所未有的黃金機會。
粉絲文化的消費文明必定會在未來一、兩年內
蛻變成另一種面貌。

文明交替

索尼式微後蘋果繼起

從現在起來具體了解一下新的電子消費文明。很多人都曾有過那麼一段熟悉的日常：早晨起床後閱讀報紙，用完早餐後紛紛去上學、工作，在移動的車內聽著收音機，回家後家人們坐在電視機前閒聊日常瑣碎，30多年下來一直習以為常的生活；韓國民眾一邊觀看描述不同年代和故事的《請回答》系列等高人氣韓劇，過去的日常生活就像畫一般展開著。

文明交替的代價

然而，智慧型手機問世後10年的手機智人時代，生活方式完全變了。現在我們不再閱讀報紙、聆聽廣播、觀看電視，而是緊盯著手機螢幕生活。人類的極限在新時代也被重新設定，金融、購物、支付、搜尋，這些功能都開始納入人類的基本能力。新文明引起的變化遍及市場的所有領域，迎向全面性的文明交替，原先認知的人類文明標準也已經開始改變。

所謂的文明交替，簡單來說就是從青銅器時期過渡到鐵器時期。我們沒有犯什麼錯，但當全球市場文明發生急劇變化時，總是逃不過危機。原先青銅器時期朝鮮半島的百姓們安居樂業享受著和平的生活，但自從鐵騎兵入侵朝鮮半島後，文明交替便全面展開，百姓們在鐵器的強力威脅下飽受絕望和痛苦。

朝鮮時期500年末也發生過類似案例。朝鮮500年來一直是單一長期穩固政權，在韓國歷史上相當罕見。如果有犯了什麼過失，朝鮮也不會維持和平這麼久。朝鮮王朝對百姓沒有進行暴政，也沒有大型失政，這是大院君（譯注：大院君，是指朝鮮王朝時代，對於兒子即位成為國王，本人卻不曾繼承王位的王族稱號，特指其子為旁系繼位為王者）想盡辦法維持了500年的朝鮮王朝。而朝鮮之所以會滅亡，是因為朝鮮重臣們抱著鴕鳥心態沒有將已從遠方國度傳進朝鮮的新文明傳授給百姓，導致百姓們無知。此時西方大陸早已出現與朝鮮明顯差距的科技文明，與朝鮮鄰近的中國明清時期也因為忽略並低估了西方文明而走上沒落之路。另一方面，比起韓國和中國稍微早些接受西方文明的日本，卻成了亞洲的霸主，至今還名列世界最發達國家之列，這一切都是200年前的選擇差異所致。

當韓國文明與全世界文明差異懸殊的時候，韓國總是得付出巨大代價，這也是韓國從歷史中得到的一貫教訓。智人（Homo sapiens）從非洲出發，消滅歐洲的尼安德塔人（Homo neanderthalensis），與亞洲直立人（Homo erectus）融合在一起的過程也是因為不同文明間的落差。所以，人們必須時常注意全球文明的變化趨勢，因為這很有可能是我們即將面臨的新文明。歷史帶給人類的教訓是，每當人類標準文明發生改變時，都必須正確理解變化原因及其如何發生的，才不會重蹈覆轍。

大數據所顯示的實體

市場變化告訴我們現在正是文明的交替期，是原先標準文明的轉換期。讓我們以谷歌提供的大數據來了解一下人類文明的變化。市場革命始於人類大規模變化，數據指出賈伯斯留給我們的哀鳳就是革命起點。哀鳳在原先平靜安寧的現代社會掀起的風潮可從谷歌的數據顯而易見。讓我們在谷歌網站上搜索一下「哀鳳」、「三星」、「索尼」、「諾基亞（Nokia）」，光是從谷歌上搜尋人們各自查詢的公司名稱數據資料，就能知道搜尋結果正是大眾對各大公司的關心，反映出這些公司對大眾的品牌影響力，從數據就可以看出大眾的心理變化。

從2004年至2008年的數據可以看出媒體的強大影響力及大眾的穩固心理。隨身聽問世以來，索尼一直堅守資訊科技品牌的世界霸主，2004年之後索尼依然備受全世界喜愛，維持最高品牌影響力。網際網路時代、手機時代早已到來一段時間，但大眾依然支持索尼的產品。即使是手機市占率曾達40%的諾基亞大躍進，也無法超越索尼，三星也僅為索尼搜尋率的三分之一，這個趨勢一直持續到哀鳳上市之前。

媒體廣告的影響力也像銅牆鐵壁般堅不可摧。每年總會展示各樣新產品的消費電子展，屢屢引發廣告爆炸，消費者的反應也準確配合消費電子展，創下一年一次的最高搜索量。各大企業每年投資數千萬美元在廣告費用上，主要是因為人們的生活形態長久以來都未改變過，各大企業為了贏得消費者的心、持續培養品牌力量，執著於媒體廣告，電視廣告的威力也非同小可。

之後的30年似乎這個趨勢也絕對不會改變，三星在20年內很難趕上索尼，這樣的預測很正常。人類原先的標準消費生活就是透過電視廣告介紹新產品，然後再尋求實體店面通路購買，雖然網路無所不在，但當時網路的影響力仍無法改變消費文明，由消費者搜尋數據可證明這是2010年以前的消費習慣。

然而30年間維持的安穩消費市場上，在2007年哀鳳問世後開始產生巨變。2007年哀鳳誕生後，便引起大轟動，但也有很多專家給予負評將哀鳳貶為遊戲機，在過去30年間消費者趨勢中，類似哀鳳這樣的熱門產品往往只是曇花一現，不過只是消費者暫時跟風罷了，更何況讓哀鳳走紅的娛樂功能（即遊戲、音樂、影視）縱使一夕間爆紅，不久也一定會退潮冷卻。因此，全球手機市場冠軍的諾基亞和排名第三的摩托羅拉（Motorola）不仿效哀鳳手機，而是向哀鳳市場宣戰，更是注重自己的品牌提升，不跟風一時的流行。事實上，當時諾基亞和摩托羅拉的商業模式是各大企業的典範，備受肯定。在這種局勢下只有主打美國市場的三星電子想碰個運氣來賭一把，著

2010年後企業的成長＆沒落

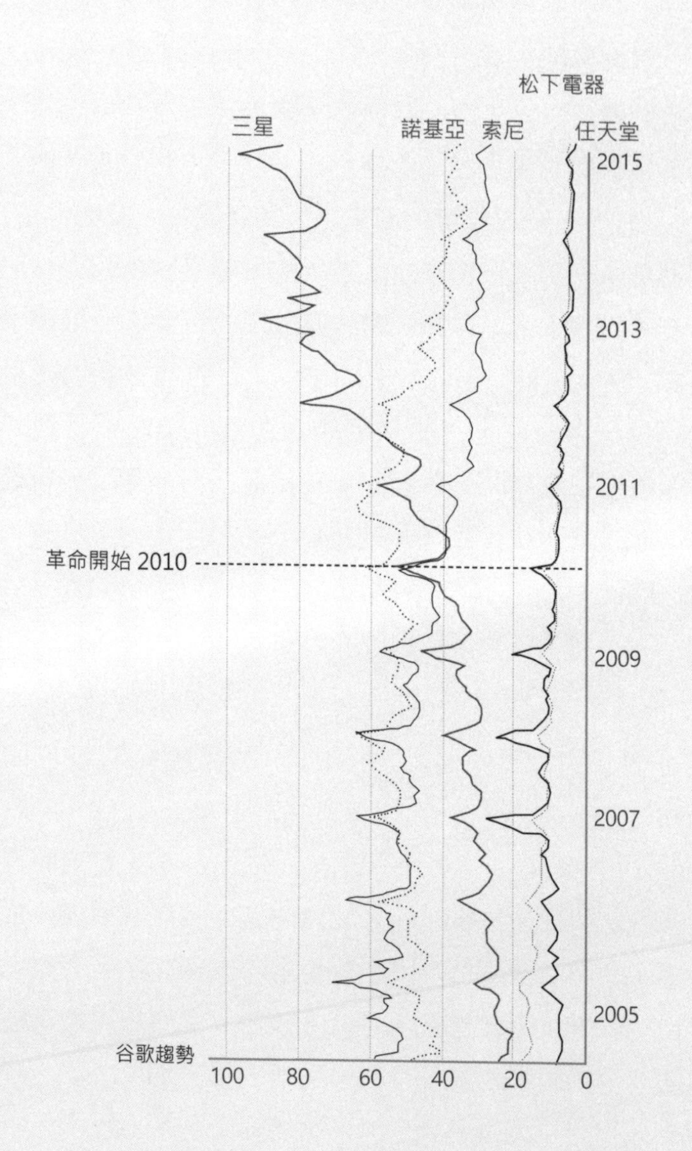

手研發可以與哀鳳競爭的手機，三星與谷歌子公司安卓合作共同開發了可與哀鳳匹敵的安卓智慧型手機。

緊接著2009年的到來，哀鳳的人氣如同颶風橫掃全球市場，全世界都捲入哀鳳的暴風圈，市場巨變成為現實。三星當然也不是省油的燈，三星火速推出首款安卓智慧型手機「蓋樂世S」並爬上了颳起颶風的蘋果巨人肩膀上。「蓋樂世S」的成績超出預期，驚人的是三星在谷歌的搜尋量首次超過索尼。三星的美夢成真了，本以為只是一時的風行現象卻發展成革命，短短2年內，三星便領先索尼兩倍以上。曾經被認為是最優質的資科技品牌索尼，它的10億廣大消費者集體感受到了心理變化，不知不覺間開始搜尋的是三星而不再是索尼。曾經在過去30年間支配市場的法則，曾被認為是絕不動搖的強大品牌力量、廣告力量，都在智慧型手機登場後所帶來的大眾心理變化下全盤崩潰，這些都是數據的證明。

從圖中可以看到，2010年後完全是不同走向。這個革命性變化摧毀了很多大企業，從2011年摩托羅拉的販售開始，2013年的諾基亞、2016年日本的夏普（SHARP）、東芝（Toshiba）、傑偉士（JVC）、三洋（Sanyo）等大型資訊科技企業大舉沒落，進入了新時代。2013年蘋果藉由哀鳳成為世界第一企業（以市價總額為準）登基為全球市場之王。哀鳳上市不過6年，革命依舊還在進行。手持智慧型手機的人類正往新世界迅速進化，徹底改變原有市場生態。

從「智人」到「手機智人」

需要光碟者請自行離開

市場經濟變化可以透過企業總市值變化來確認。以2017年為轉捩點，整個世界資本市場迎來全面文明交替。為手機智人提供服務的各企業們開始大舉躍升為「世界10大企業」。此現象於2018年5月得到證實，以2018年5月22日企業總市值為基準，世界10大企業中就有8家是以手機智人為服務客群成功的新型企業，像優步或愛彼迎等風險企業文明已成為指標完全滲透全球主要市場。

資本選擇的標準

以2018年5月22日企業總市值為基準，首先排第一的是蘋果。不只是智慧型手機的先驅，也是新文明誕生的種子。蘋果是2013年以後頻繁占據第一位寶座的企業，銷售哀鳳的營利高達40%，光是現金儲備就超過2300億美元，這也代表著引領智慧型手機文明開創新生態界的企業威嚴。

位居排行第二的是提供高效率物流服務的電商企業亞馬遜。按照一般常識，物流是「離線交易」的核心，擁有多少百貨公司或大型超市便是關鍵。然而，亞馬遜沒有賣場。又不是在開玩笑，光是看著架在網站上的圖片就可挑選商品，這是典型的遊戲方式。當然，商品庫存不在賣場，商品會從工廠運至物流中心，商品在倉儲乘坐上亞馬遜的機器人「基瓦（Kiva）」等待顧客下單，顧客像玩遊戲一樣進行商品選擇，完成訂購後，訂購資料會直接傳至基瓦手上。完成交易時最先得知的不是公司職員，而是機器人。基瓦接到訂單後立即向負責包裝的職員移動，員工把顧客所訂購的產品包裝好後再用快遞寄出商品。亞馬遜的目標是在未來10年以內將80%的商品以無人機或自駕車配送，這樣的物流代表企業是投資資本所選擇的世界第二大企業，物品的流通管道和購買方式也截然不同。這現象是誰說的算？就是手機智人。

第三名和第五名更是破天荒，是谷歌和臉書（Facebook）。人們往往認為谷歌和臉書沒有透過新服務銷售商品，但事實卻並非如此。他們也像優步和亞馬遜一樣「破壞」傳統商業模式的企業，谷歌和臉書嚴重打擊了報紙和廣播等廣告企業。以2018年來說，谷歌的廣告銷售額占整體銷售額的86%，臉書則高達99%。兩企業吞噬了全球報社和電視臺的廣告收入，分別排名世界第三和第五位。

值得注意的是，他們並不是透過投資巨額資本來推翻傳統報社和電視臺，谷歌和臉書是透過客戶的選擇而成長的，並非惡意攻擊傳統產業，純屬自然效應。10年下來，人類改變了很多，早晨不再看報紙，比起看電視，而是選擇觀看油管。谷歌和臉書從未在韓國做過大型電視廣告，儘管如此還是得到許多人的青睞。谷歌和臉書是數百家推出類似服務的企業中被大眾接受的企業，他們只是把手機智人當作顧客，是明確的消費者導向企業。

排名第四的微軟尤其值得關注，微軟在智慧型手機問世之前，長期處於全盛期。從目前仍保持高排名的觀點來看，應該能向大家解釋既存企業該如何能生存在手機智人時代。然而原因都一樣，微軟透過長期大規模結構調整，才成功將自己的主要消費者群從「智人」轉變為「手機智人」。

直到2017年完成的微軟大規模結構調整，方向都非常明確。首先，大幅縮小離線營業並且大幅擴大雲端服務。觀察一下近期販售的筆記型電腦內根本沒有光碟播放器，所以收起販售光碟的營業部門是理所當然的。但其實背後的含意很可怕，「我不會使用網路，但是電腦要用，所以請給我『Windows』和『Microsoft Office CD』。」傳統消費者的這句話，宛如我們向消費者宣布要他們自行退出，因為我們不提供光碟一樣，未來我們將以便利的雲端服務為基礎向顧客提供所有軟體，從軟體安裝、升級到付費，都只讓熟悉網路的人使用。簡單來說，就像是「今後我們只接身為手機智人的客人」並實踐這個理念獲取成功，這就是微軟向傳統企業傳達的生存戰略。

實際上，微軟在2018年12月因雲端服務「天藍（Azure）」

的市場占有率大幅增加，時隔16年再次擊敗蘋果，重新奪回了企業總市值世界第一的寶座。將消費者從「智人」轉換成服務「手機智人」，並取得成功後，微軟便得到了廣大消費者及企業的投資。從某種角度來說，這是文明交替時期必然發生的現象。

以上5個企業是世界最頂尖的企業，也是美國大陸文明的象徵。這也證明了美國是手機智人時代的領導國。資本選擇的是「手機智人時代」。

顧客即「手機智人」

現在讓我們來看一下亞洲的情況。躋身世界10大企業行列的亞洲第一、第二大企業分別是阿里巴巴和騰訊。阿里巴巴是1999年由英文講師出身的馬雲以網站為始所創立的企業，以企業對企業電子商務為開端，成長為中國最大電子商務。2010年企業大幅成長，積累了巨大財富並跨足各領域，尤其主打以支付寶（註：中國大陸的第三方支付平台）為基礎的金融業。近期不僅收購物流公司，也經手金融業到保險業，全面性擴大阿里巴巴的業務範圍。

騰訊更是一家驚為天人的企業，1998年由馬化騰創立，以用於電腦的聊天應用程式「QQ」創業。之後模仿卡考說說（KakaoTalk）推出的通訊軟體「微信（WeChat）」上市後獲得了大成功。又將賺的錢大筆投資到了遊戲產業，2015年後，隨著遊戲產業的爆發性成長，騰訊成長為大型企業，現在事業擴大到了廣播、金融、保險業等所有領域。2017年將銷售額的50％投資於遊戲的騰訊依然是世界頂級遊戲企業。然而許多長輩把遊戲定義為像毒品般的有害物質，看來他們對現代文明仍很生疏。

可以將這兩家中國企業定義如下：**「幾乎所有與商業有關的中國企業都是專門為手機智人設計的企業。」**

這兩家企業是在亞洲以手機智人為對象進行商業行為的代表企業。這就是亞洲手機智人文明的標準，也是資本傳遞的革命訊息。

亞洲十大企業中唯一上榜的韓國企業是排名第十的三星電子。三星電子是亞洲十大企業中唯一有工廠，親自製造商品的製造業。三星身為製造業龍頭，現在已經沒有可以效仿三星的企業堪稱世界第一。

讓我們來了解一下三星電子的成長祕訣。三星電子的最主要產品是半導體記憶體。2018年第3季77％的利潤來自半導體，而光是記憶體的收益就占了70％。這種收益率只能在一種情況下實現，需求激增、供不應求的情況。全球七大平臺公司因越來越多的客戶需要更多的伺服器，急需記憶體。雖然原先預測記憶體價格會下降，但是隨著手機智人市場的擴大，記憶體需求意外大幅增加，三星的手機及顯示器部門也獲得龐大利潤。這些都是與手機智人市場相關的領域。三星電子的成功向全球製造業傳達的訊息也很明確，在手機智人時代，需求激增的領域必須表現出跨時代的技術能力並重新思考新文明的標準。

多看「油管」，多用社群網站

這個時代的全球投資資本所選擇的企業是手機智人時代的領導企業。之前提到的世界七大平臺企業（蘋果、亞馬遜、谷歌、微軟、臉書、阿里巴巴、騰訊）加起來的總市值超過了4兆4千億美元，明明一年前不到3兆5千億美元，卻在一年時間內竟增加了1兆美元以上的投資。韓國的韓國綜合股價指數（KOSPI）、科斯達克（KOSDAQ）企業總市值加起來才不過美金1兆8千4百億，整整超出全韓國企業總市值2倍多的4兆4千億美金的資本，都只集中在這7家以手機智人為中心的企業。

資本的訊息是很明確的，也就是說，我們得投資將手機智人作為服務對象的企業，這是韓國企業必須尊崇的重要戰略制定方向，為未來做準備的年輕人們也得追隨手機智人時代的文明。我們現在正處於需要與過往不同模式的新想法時代。

雖然前面已有提到，但是基於社會既存的普遍常識，這是相當困難的。在此前對手機副作用十分反感的韓國社會，應該將這種舊有觀念完全扭轉過來。

最能展現常識的管道就是教育，從教育面的常識來看，就可以了解我們對數位文明的看法。在韓國社會對孩子的教育中，智慧型手機引領的新文明是被強制排除在外的，甚至有家長認為最好的管教方式，就是在孩子考上大學之前都禁止使用智慧型手機，讓孩子埋首於填鴨式教育，讓孩子被各種解題技巧纏身。禁止孩子使用智慧型手機，無法觀看「油管」，臉書和音斯特貴（Instagram）也不能使用。被當成毒品的遊戲絕對是「禁止接近」，灌輸孩子只要努力用功念書就能考上好大學的觀念。即使這樣上了大學，也會在大人硬性規定的框架下學習，並貶低手機智人文明為次文明。不久後手持大家都喜歡的高學歷文憑風光地大學畢業。但很可惜，這樣嘔心瀝血培養的人才進不了世界7大企業，企業當然不可能選擇不懂手機智人時代文明的人作為員工。現在，韓國企業必須追隨數位文明轉型，韓國也想選出一批對新文明有了解、有規畫能力的人才。

想到世界文明就應該這樣告訴我們的孩子：**「智慧型手機是日後不可或缺的，要學會適當使用。現在社群網站是基本的社交工具，應該從小開始積極使用；「油管」不僅要搜尋影片觀看，還要親自拍片剪輯上傳，積累更多經驗；現在，遊戲成了一種運動，從小就應該學會玩一些熱門的遊戲。」**

說是一回事，但能夠實踐嗎？雖然很難，但必須執行。我們的生活、工作，都要從這個角度重新審視，為了讓公司也能順利推廣社群網站活動，要在關鍵績效指標上進行回饋，給擅長臉書、音斯特貴、「油管」的員工獎金。不了解客戶就不能抓住他們。應該以手機智人時代為標準，具備相應的世界觀。

被隱藏的欲望

一動就得消費

手機智人是把手機視為身體的一部分，重新定義生活方式的人。智慧型手機這種高科技裝置一連接在手上就能展開嶄新的生活。紐約大學史登商學院（Stern school of Business）教授史考特·蓋洛威（Scott Galloway）撰寫了對人類新生活產生劇烈影響的4個企業的相關書籍，2017年出版的《四騎士主宰的未來（The Four）》，書中所提到的「四騎士」分別是指4家企業，即亞馬遜、蘋果、臉書、谷歌。

改變人類生活的四大企業

這4家企業就是改變人類生活的企業，在10年間讓超過30億的人口自動使用智慧型手機的企業。哀鳳的創始者賈伯斯瞬間將人類帶入智慧型手機文明。蓋洛威教授認為，哀鳳成功的決定性因素在於人類對遊戲的欲望。蘋果公司透過推出播放器（iPod）掌握了音樂這種人類共同的消費產品，並打造了真正的怪物「哀鳳」，同時包辦了影像和遊戲，建立了所有人都能即時連接並享受的「應用軟體」生態界。人類以驚人的速度深陷哀鳳和應用軟體的生態系統，投身於新規則的遊戲中。掌控遊戲相關所有欲望的蘋果公司，在堅固的「蘋果手機生態系統」中和強大的蘋果粉帶動下，成為新數位文明的創始者，也是打造「四騎士」的主要企業。

人類手中一握有智慧型手機，谷歌就重新定義了人類的大腦活動。通過搜尋，人類可以即時掌握全世界幾乎所有的知識，無需再背誦繁多的知識和數字。學習工具也從以紙本為主轉變為影音，現在可以透過「油管」用影片的方式進行學習，事實上，習慣用「油管」學習的現代年輕人，已經把「油管」認知為一大學習平臺，現在正是從以紙本為主的學習方式改變成以影片為目的學習工具的過渡期，因為人類對影像的接收速度很快，大腦學習和記憶的過程就跟著不同了。現代年輕人表現出的學習速度和以往不同，能力差距也開始大幅拉大。將大腦的思想過程改變，轉換吸收知識方法的企業，就是谷歌。

臉書重新定義人類的心、關係和愛情。透過臉書建立人際關係，吐露感情；透過音斯特貴展現自己的日常生活。這是一個一半以上對話都是透過聊天應用軟體表現的社會、按下「喜歡」將心情共享的社會、與他人的交流頻繁使用社群網站的社會，創造人類新社會型態的公司就是臉書。不僅是臉書、音斯特貴、微信或是卡考說說等多種社群網站相關網站都正在形成並持續發展。以這段歷程為基礎，人類塑造了新的人際關係。

新的關係會創造新的常識，也會創造新的商業機會。

亞馬遜是改變消費生活的企業。蓋洛威教授認為，亞馬遜是改變人類消費欲望的企業，也是改變購買想法的企業。亞馬遜可以從廣大消費群各自的點閱記錄中找出消費者隱藏的消費欲望，並且推薦消費者可能喜歡的產品。無論是在全球的任何地方製造，或是在地球的哪一處想要購買，亞馬遜都可將生產者和消費者聯繫起來，滿足他們的欲望。就像玩遊戲一樣，消費者按下購買鍵即可享受不一樣的消費生活。韓國的消費文明也在急劇變化中，網路商城大多進軍智慧型手機市場，在各大應用軟體及網站中置入廣告。而創造最高銷售額的時段是下班時間，下班後一邊滑著手機，一邊即時購買想要的商品，這已經成為現今人類普遍的消費模式。

世界頂級人工器官公司

最值得注意的是，促使「四騎士」成長的最佳硬體公司竟然是韓國企業。蘋果最熱門的商品「哀鳳 X」的臉上緊貼著三星的有機發光二極體螢幕，內部也有很多零件是三星製造的。而現在全世界人口最常拿著的手機就是三星的蓋樂世系列。對於把智慧型手機視為自己身體一部分的人來說，三星相當於世界上最頂尖販售人工器官的公司。世界上一大群人都用三星手機的相機拍攝影片，上傳到「油管」、音斯特貴、臉書上分享播放。儲存著龐大數據的伺服器上也裝著三星的記憶體，在阿里巴巴和騰訊的伺服器上當然也是布滿三星的記憶體，每天都處理數千億個消費者大數據。三星電子擁有完善的人類數位文明擴散所需的技術能力，所以在製造業中可說是最優秀的企業。

此證明了製造業也因手機智人文明的發展，正在重整新生態界。這樣看來或許不是「四騎士」而是「五騎士」才是正確的，如果三星不以堅強的技術降低產品的價格，「四騎士」就無法成長。韓國製造業在手機智人時代也具有強大競爭力，但很遺憾的是三星沒有被蓋洛威教授的《四騎士主宰的未來》提到。這也意味著篇幅不足和缺乏故事情節。為了成為製造業先驅就必須擁有一段精彩的故事，這代表著不只是三星，韓國製造業們今後都還有無可限量的發展空間。

2018年品牌價值評價單位英國品牌金融諮詢公司（Brand Finance）調查前五大品牌，依次是亞馬遜、蘋果、谷歌、三星、臉書，這些都是與智慧型手機相關的手機智人時代代表企業。對老一輩而言，他們熟悉的世界級企業是指像可口可樂、麥當勞等老字號企業。但這些老字號企業的品牌力量式微的原因正是生活方式的變化，廣告力量對曾是電視奴隸的老一代來說是相當大的，不論早晚，打開電視就會出現可口可樂的廣告，可口可樂這個品牌當然會烙印在消費者的腦海中，消費者去超市時自然而然就會選擇可口可樂，品嘗著可口可樂的同時又在腦海裡加深了品牌印象。這樣一來可口可樂就會作為世界第一品牌，駐留在消費者的腦海中，消費者會認為最好的飲料品牌無

世界5大企業與手機智人

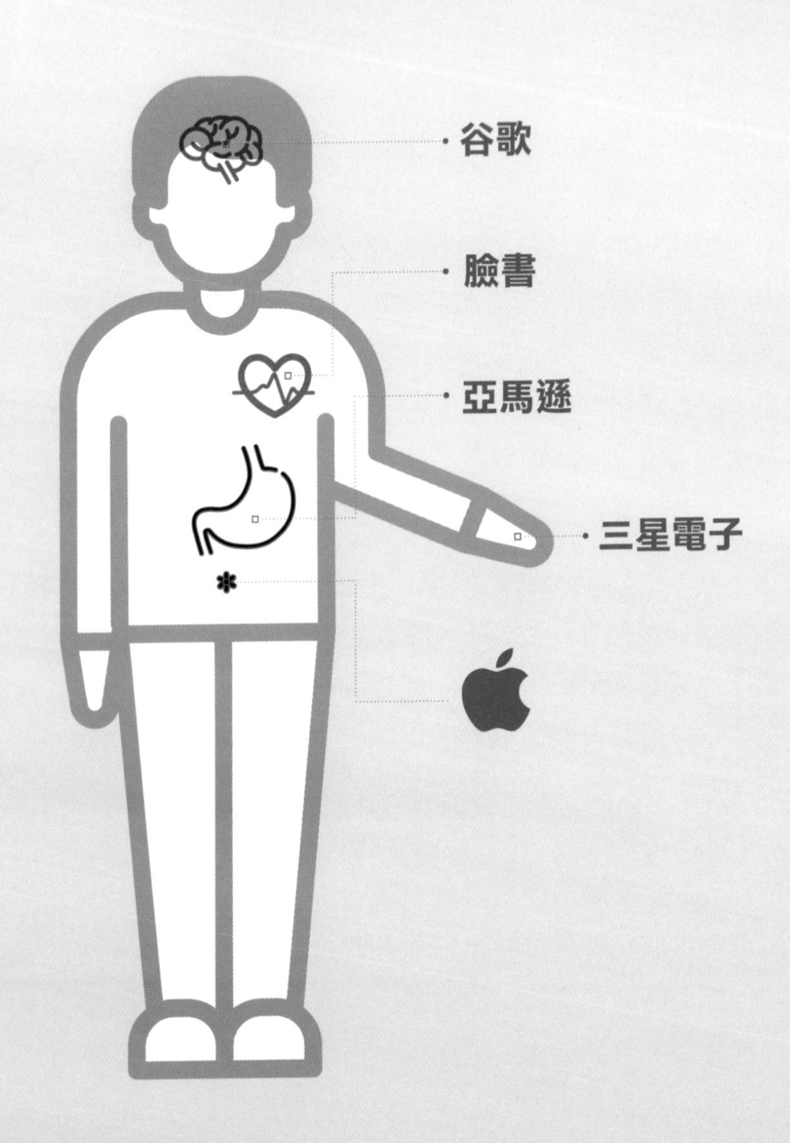

庸置疑是可口可樂。

然而現在生活方式發生了變化，人們不再打開電視，可口可樂在消費者腦海中留下印象的機會當然也減少了，在超市購物時也不再想起可口可樂。最近的年輕人追求的飲料是朋友或網友之間風傳的「天哪！這款一定要喝」的這種流行口味，可口可樂品牌也就逐漸被消費者淡忘。所以在進行各種問卷調查時，也不再問喜歡的品牌是什麼，而是改問稍微認識品牌的相關問題。只要味道和廣告不再被消費者的大腦記住，品牌形象就自然會消失。

現在世界前五大的品牌象徵著手機智人時代已經深植我們的思想中，思想的變化造就了近乎一切的變化，所以我們要重新審視原先所擁有的常識，必須不斷地追問之前那些古老的常識、經驗、知識，在新的標準文明「手機智人」時代下是否也有效？與時俱進，我們的常識也應該有所改變，這就是這個時代的課題。

5兆美元的選擇

川普攻擊亞馬遜的理由

世界七大平臺企業累計投資資本的5兆美元，是加快數位化文明轉型的力量，這幾個企業的收益結構各不相同。蘋果透過商品的販售，亞馬遜以電子商務，谷歌和臉書的廣告收益，微軟售出軟體創造收益，阿里巴巴和亞馬遜一樣，在物流領域賺了大筆鈔票，騰訊的遊戲產業依然是最大收入來源。各企業雖然以不同方式獲得收益，但基本上，它們都依賴於廣大消費者的自願選擇，如果手機智人文明不擴散，這幾家公司就很難持續成長；也就是說，投資於這些企業的5兆美元資本將再投資於手機智人消費文明的生態系統中，這個生態系正在形成巨大的投資良性循環。

革命招致危機

亞馬遜是數位消費文明擴散而大獲成功的企業，投資和銷售額同時上升的良性循環結構也最為穩定。以販售圖書開始的亞馬遜，從普通電子商務擴張到影音事業「亞馬遜影片（Amazon Prime Video）」。而收入最多的是亞馬遜雲端運算服務（Amazon Web Services）。2017年亞馬遜跨足時尚界也取得相當不錯的成果，擁有讓三分之一大型百貨關門的威力。玩具連鎖商城玩具反斗城（Toysrus）也擋不住亞馬遜的攻擊而最終破產。亞馬遜還販售搭載智慧型語音助理亞莉克薩（Alexa）的亞馬遜智慧音箱（Amazon Echo），成功進軍製造業，亞馬遜智慧音箱也在2017年成為亞馬遜最受歡迎商品。2017年以137億美元收購實體零售企業全食超市（Whole Foods Market），造成零售業的衝擊。無人商店「亞馬遜購（Amazon Go）」正式向大眾開放，也預示以後線下交易將發生變化。2018年西爾斯百貨（Sears）破產的最大原因就是敵不過亞馬遜的消費模式，川普總統甚至指責亞馬遜執行長傑夫·貝佐斯（Jeff Bezos）是「就業殺手」。在過去的10年裡，亞馬遜改變美國零售生態界並成功實現了產業結構變化。

得到很多投資的企業當然會選擇擴張事業領域，但不可能總是能成功，失敗的時候更多。然而亞馬遜真的是很特別的企業，在亞馬遜進軍的各個領域中都展現了有意義的銷售增長，並以驚人的速度持續成長，2013年後短短5年間股價上漲了將近8倍，這個數據意味著亞馬遜巧妙地利用消費文明轉型。許多消費者對亞馬遜的商業模式感到滿意，因此銷售額隨之增加。龐大的資本投資取得了成功，當然就引來更多的資本湧入。像亞馬遜一樣挑戰電子消費文明的企業正在擴散，藉助於投資的資本，數位文明的擴散正更加猛烈地加速中。

令人遺憾的是，傳統的原先企業瞬間陷入了破產危機。集中於數位消費文明的領軍企業其資本投資和銷售額的增加相輔相成，形成了投資者和各大企業所夢想的良性循環。亞馬遜成功的根本原因是消費者的自願選擇。5兆美元的資本是打造巨大手機智人生態系統的能源。美國和中國市場正透過這個能源以驚人的速度蛻變。如果我們把投資資本的概念運用到產業中，就能理解為什麼這場革命會導致危機。

抄襲者騰訊的成長

阿里巴巴和騰訊以「章魚足式」擴張事業領域，以設立子公司或對現有風險企業進行股權投資的方式，帶頭中國市場整體數位化。兩家公司一邊競爭（阿里巴巴和京東商城），一邊互相合作，共同成立公司。而市場成熟後會以多種方式細化業務，阿里巴巴以企業對企業（B2B）電子商務為中心的阿里巴巴網站獲得成功後，以廣大消費者為對象的開放市場淘寶商城接著成功開業並將強大的電子海灣（eBay）推向中國市場，成立「天貓」，為尋找可信賴商品的消費者新增商業服務。2016年以後，把包括線下交易在內的巨大新流通系統，將其定義為「新零售」，並宣布要創新中國的零售業。2年內，阿里巴巴子公司實體生鮮零售「盒馬鮮生」也獲得高銷售額，穩定步入市場，現在說中國零售文明之路是阿里巴巴開闢的，也不為過。

騰訊的表現也相當令人吃驚。騰訊透過微信賺取金錢投資遊戲產業並獲得成功，利用從遊戲產業中賺來的錢，將事業版圖擴大到網路騰訊視頻、銀行、金融等，成長為改變中國文明的企業。騰訊以抄襲聞名，但此稱號一點也不羞愧於誰，反而使美國引進了成功的數位消費模式，因添加中國文化細節的消費方式更讓很多中國消費者為之瘋狂。藉由消費者的選擇，騰訊成為表現中國文化及消費文明的代表性企業，目前它仍積極向新的風險企業投入巨資，加速中國文明的數位化里程。

改變亞洲消費文明的巨大力量也來自這些數位網路平臺企業投資的巨額資本，韓國企業在制定事業戰略時最重要的關鍵也在於此。能夠讓全世界投資資本感到魅力的商業模式，就是以手機智人市場為中心的事業企畫。

通用汽車的背叛

粉碎工廠轉而投資自駕車

當然，沒有人無緣無故希望放棄原有的商業模式，突然轉向手機智人生意，一切都應該以顧客為中心。因此，基於市場形成的數據，我們應準確把握業務轉向數位平臺的趨勢，並提前作好準備，但是得稍微領先才行，所以在目前所在的產業圈裡不斷確認數據更新數據，是相當重要的。

移動公司的誘惑

讓我們來看一下計程車產業。2009年登場的優步現在已經傳播到全世界，成為新文明的象徵，同時它也成為「與現有市場生態系統矛盾」的代表。目前優步在韓國等世界各地與原先當地的計程車公司發生嚴重衝突引發了不少問題。然而優步是完全不可逆的新商業模式。在美國除了優步之外，競爭企業來福車也有了很大的發展。在中國的滴滴出行與東南亞的客來博和夠捷（Gojek）也已經成為新的搭車服務文明象徵。滴滴出行每天處理2500萬件交易正在持續成長中，而正準備股票上市的滴滴出行的企業市值以2017年為準是560億美元。

眼看著這些企業的成長，著急的反而是汽車公司。因為消費者數據的變化，汽車廠商需要重新擬定生存策略。通用汽車公司（GM）在2016年向優步的競爭企業來福車投資了5億美元，且在2017年關閉了韓國群山廠，依常識來看這當然是嚴重的背叛。這導致了許多工作職缺的消失，也是生態界破碎的嚴重問題。但是從消費變化的數據來看，通用汽車的作法完全可以理解。

過去10年間，由於優步和來福車的成長，美國的乘車服務市場足足增長了1.5倍，這是基於消費者們被便利服務所吸引經過一番熱烈反應後產生的變化，但這個變化卻讓汽車產業陷入了困境。習慣了共乘服務的美國十幾、二十多歲的年輕人不買車，再加上環保意識的抬頭對綠能汽車的需求增加，生產一般汽車的通用汽車立足之地急劇減少，情急之下，通用汽車宣布向來福車投入巨資一直到2025年共同開發無人計程車。從汽車製造企業轉變為提供移動乘車服務的企業，這等於表明了生存的戰略為何。

世界數一數二汽車大廠豐田汽車（Toyota）也繼承這個戰略，2018年世界最大消費性電子展上，豐田汽車的執行長曾發言表示：「我們現在是移動公司。」實際上豐田汽車在客來博上投資了10億美元，另外還投資了滴滴出行，表明要和他們一起成為引領人工智慧駕駛的自駕車企業，在消費性電子展發表的用次世代「e-Palette Concept」共享電動概念車也是自動駕駛車；首先叫車，接著使用，使用後再設定自動返回，就是自駕車。這可是世界第一大汽車公司提出的未來汽車趨勢。

焦慮的現代汽車（HYUNDAI）放棄了韓國共享汽車公司「Poolus」，轉而在東南亞的客來博投資了3600億韓元，考量世界各大汽車公司的戰略，若無法轉型為提供移動服務的「移動公司」，將很難生存。

2018年通用汽車宣布追加關閉5個工廠，這說明了傳統模式的汽車需求正在減少。對我們來說，這是再遺憾不過的，但汽車業的所有經營戰略修改都反映出消費者的選擇所帶來的生態變化生存策略。並非是指進一步擴大規模力推發展，而是必須擬出面對汽車文化的變化至少不會瀕臨滅絕的危機處理策略。以目前狀況而言，各大汽車公司到2025年都很難開發出真正完美的自動駕駛車輛，因技術仍有待加強，然而多款自動駕駛汽車服務在改善現有車輛後，未來一定能夠實現的，到時新的計程車文明肯定會與現在有更大的差異。

守護工廠，驅逐優步？

谷歌的子公司慧摩（Waymo）擁有世界最高技術的自動駕駛車，已經在美國成功進行了1600公里的無人駕駛試驗，因此2019年獲得自動駕駛示範服務許可，還發表新的合作公司，與美國的跨國零售企業沃爾瑪（Walmart）攜手投入自動駕駛車的服務，這項服務是，當駕駛困難的顧客一按下按鈕，自駕車就會登門拜訪顧客，直接將顧客送到附近的沃爾瑪賣場。自駕車行駛在遠而複雜的道路上是相當困難的，這一點仍有進步與嘗試的空間。韓國的自駕車權威首爾大學電子資訊工程系教授徐承佑（音譯），於2015年與學生成立自動駕駛汽車公司「ThorDrive」，並於2017年將據點轉移到美國加州的帕羅奧圖，著手投入自動駕駛。他們研發的自動駕駛汽車「SNUver」在汝矣島等複雜的首爾市中心，成功達成3年間行駛6萬公里以上無事故的紀錄。但遺憾的是，該公司將據點轉移到美國，因為韓國對自駕車的限制太多，阻礙了韓國發展，而且目前也沒有解決跡象，不得不移往美國。如果以無人汽車為基礎的快遞服務商用化，到底會帶來多大波及，將是不可低估的，但根據韓國社會的常識與規範，這依然是一項可遠觀不可褻玩的技術。

如果將手機智人看作是文明的標準，那麼眼見擁有成功技術的企業紛紛離開韓國，真是令人惋惜。通用汽車向韓國政府威脅要關閉其他工廠，從產業銀行得到7億5千萬美元的投資契約，同時又向自動駕駛乘車服務的開發投入巨額資金。韓國工廠捨不得付出高額稅金，另一方面韓國又向優步展開鬥爭，阻止引進優步的服務模式。放眼美國、中國、東南亞的乘車服務文明，韓國的文明就像一個廣闊大陸間的孤島，即商業用語所說的「加拉巴哥化」。

堪稱韓國優步的風險企業「Poolus」和「Kakao T Carpool」等新型服務挑戰被大規模示威阻止了，政府對此卻是睜一隻眼閉一隻眼，規制好比萬里長城難攻不落，傳統社會仍傾向沒有競爭市場，更是制定規範使規制壁壘更加堅固。雖然經歷工廠關閉，但像例行活動一樣，罷工總是在前方等著，比起確保世界市場競爭力的革新，主管階層更是致力於防禦現實。全世界主導的數位消費文明已經帶領全球市場引爆革命，只有韓國還駐足在混亂中錯失機會。在我們沒有掌握市場標準而驚慌失措時，與全球經濟差距正逐漸拉大。世界頂級的數位平臺企業所主打的服務，到了韓國卻都是非法；將大數據收集到雲端並彙整後開發人工智慧，大多數卻都違反了個人資料保護法。

沒有人會說「韓國足球在世界盃上戰勝德國隊的奇蹟，今後只要保持這樣就行。」應該從根本改變體系，從大韓民國頂級足球聯賽開始革新。首先要改變培養足球的體系，韓國國民每天都觀看足球賽事，當然會使標準提高。經濟也一樣，只要關注跨國企業的市場爭奪戰，就會看到未來韓國要走的路；必須時刻關注在世界市場成長的企業都具備什麼體系，又是如何培養人才，以及營運社會體系如何相應地發生變化，這樣做就可以明白韓國的錯誤是什麼，市場經濟和全球市場經濟的差異就會明顯浮上檯面。如果韓國想至少在世界盃舞臺上表現存在感，就必須效仿世界足球培養體系；若韓國企業要想在全球市場上具備競爭力，就必須接受先進國家制定的新標準。現在最需要的就是新的市場標準，應該放下既有常識，接受成為全球市場新標準的手機智人消費文明，這就是全球市場經濟給我們的最後通牒。

數位平臺大戰

文明的轉換是所有國家的絕對機會

阿里巴巴是改變中國的電商企業。仔細探討的話，阿里巴巴成功的祕訣就是因應手機智人時代，徹底實現顧客的需求。阿里巴巴的線下交易生鮮零售公司盒馬鮮生是撼動大型超市掀起市場旋風的主角。比傳統超市平均每坪銷售高4倍的力量，在於採用大數據方法的「顧客中心產業企畫」。65%的盒馬鮮生顧客是25歲到35歲的已婚女性（千禧世代），他們為了依照自己想要的消費方式消費，正在使用優良的消費系統。亞馬遜執行長貝佐斯曾說：「數據是顧客的心。」換句話說就是「大數據」解讀「消費者心之所向」。盒馬鮮生的成功實踐了阿里巴巴執行長箴言的正力量。

消費者為王的時代

根據數據、追求數據、數據的商務應用，這些字眼用別的話來說就是「消費者為王的商業」。視手機智人主導的數字為文明的最大特點是，從「企業家為王」的時代轉變為「消費者為王」。因為手中有了智慧型手機，無論哪家企業提供滿足自己需求的服務，就能在瞬間被選擇。

中國在不知不覺中以數位文明為基礎，轉向為消費者導向、為消費者服務的國家。所以才說中國讓人敬畏，中國共產黨領導了幾乎所有數位文明的創新，在短短的幾年內培養了阿里巴巴、騰訊、滴滴出行等革命先驅，確保了15億手機智人電子消費者軍團。如果照此繼續發展下去，2030年左右真的可以和美國一較高下，相信這是可遇的。多數人認為近期美國之所以強力抵制中國，就是因為中國已經成長到足以威脅美國的競爭對手，可見中國的成長相當可怕。而且要記住，制定這些政策的是積極實踐「消費者為王」理念的中國共產黨。

在美國和中國以數位消費文明為籌碼進行霸權爭奪的今天，韓國的文明在哪裡呢？從經濟議題來看，大企業、資本家和勞動者之間的權益紛爭依然非常激烈。這樣的問題不是在每個國家都易見的，資本主義和社會主義的衝突是美、中之間早已消失的議題。只有市場衝突、貿易戰爭才是導火線，而非理念衝突。在當今全球經濟中，為了吸引越來越聰明的消費者，搶占平臺的競爭更加激烈，國籍和政府的作用也漸漸式微，這種現象隨著地球村化，越來越明顯。同時，全球市場經濟正在進入大混亂時代，也正是市場革命目前的狀況。

韓國的文明時鐘似乎在1980年代就停止了。韓國政治圈以傳統市場的絕對強者「大企業」和勞動者「中小企業」之間的不平等關係為藉口，雙方的霸權鬥爭達到了極致。無論是左派還是右派，政治家們為了維持「要想在這片土地上做生意，就要在政治權力中表現出來」的舊時代思維而絞盡腦汁。好長一段時間好幾個企業因為權力被不當利益給沖昏了頭，現在他們則是想透過權力的力量來修繕「傾頹的運動場」，中心仍然是政治和權力。所以從經濟政策來看，大企業出售子公司、與中小企業的利益共享制、最低工資提高50％、每週52小時工作限制、所得主導增長等政策措施全部都是利用政治權力的理念來控制市場，革命時代的生存戰略一點也派不上用場。

無論是從引領世界文明的美國，還是從世界最大消費市場的中國來看，最大的經濟議題就是向以消費者為中心的市場轉型，以及數位文明帶來的危機管理及創造機會，然而這些話題韓國媒體壓根沒有提過。全球大陸時鐘滴答搖擺之際，韓國還聚集在停擺的時鐘前展開各樣口水戰。韓國國民不是被80年代政治理念所束縛的人，是已經走遍全世界體驗文明巨變，準備迎接新時代生存戰略的人。年輕一代對新數位文明的欲望更加迫切，因為對他們來說，這是一個不可錯過的黃金機會。

美中的選擇標準

享受數位消費文明的消費者已經占了全世界的50％，對他們來說國境的意義也逐漸消失。油管已經打敗卡考（Kakao）

（註：韓國的一家網絡公司，成立於2014年）和雷寶（Naver）（註：韓國目前最大的網絡服務公司），成為韓國消費者的最佳媒體平臺，使用亞馬遜和阿里巴巴的韓國消費者也急劇增加。對於近期年輕消費者來說，不少人討厭韓國汽車工會和經營者，如果是同樣價格就會購買進口車。不必跑銀行的卡考銀行已經有680多萬人口的客戶，而利用愛彼迎進行海外旅遊的人口每年都在暴增。他們在世界各地體驗了優步和滴滴出行等服務，逐漸累積對我們的市場感到不便和憤怒。韓國企業因看政治眼色行事，對消費者視若無睹時，世界各大企業正以「國王想要什麼就做什麼」的姿態持續進行革新，曾體驗過這些便利的韓國消費者們現在已完全鄙視了國內企業，聰明的他們明白消費者有權利，從不斷增加的國外消費數據就能證明這點。

美、中的政治圈裡現在正傾注最大的力量重新制定文明標準，為了將革命衝擊減到最低，並且以最大限度保障新機會而採取了各種策略，另外也正全力引進及培養數位文明下的優良企業，對於企圖謀取世界霸權的美、中兩國來說，是必須強力執行的戰略。然而為了競爭而摔倒的情況也層出不窮，中國巧妙壓制了美國的平臺企業，才導致美國向華為開刀。最好的戰場就是數位企業下的激戰決鬥。

文明的轉變，對所有國家來說，都是創新的絕佳機會。轉向數位文明時代，既是危機也是機會，創新的方向也非常理想。在數位文明中，權力轉移到消費者身上，所以為了自身利益而無視消費者利益的企業自然會被淘汰。過去，政治權力保障他們的生存，但現在，消費者直接決定他們的生死。當然從法律上來說，這是只有保障新企業進入市場和良性競爭中才能實現的，這就是美、中選擇的新標準。

與過去不同，現在聰明的消費者掌握了很多資訊。從消費者的角度來看，不管是為了自身利益、綁頭巾的工會，還是計程車經營者，或者無視消費者的甲方經營者，都只是利益集團，沒有理由像過去一樣去保護他們。好車便宜就買，好服務便宜就選，相當合理。為什麼我們要拒全球大陸文明於千里之外？如果傳統的汽車和計程車比進口車和優步更快革新，當然會得到更多消費者的選擇，但我們應該意識到，現在很少有愚昧的消費者會不把自己的權益放在眼裡，而去戴上理念的面具為那些關心自身利益的企業掏荷包。那些只關注企業利益，與權力聯手鄙視消費者的企業人士都必須要改變思維。

無可避免的選擇

消費者不再是井底之蛙，我們隨時準備向更優質的服務出發。手中持有智慧型手機的消費者也握有選擇權，握著強大的權力在手裡，而且是可以按照自由意識使用的權力。現代消費者對自由經濟產生的副作用或是自淨作用的觀念也非常明智。一些政界人士仍認為，大規模平臺企業成長導致小型計程車產業沒落，呼籲政府應該對有困難的企業及正在消失中的行業給予國家支援。但我們既要接受變化，也要觀察有障礙之處。消費者擁有權力，包容力也會隨之增大，就可以作出合理判斷。世界級的平臺企業總是關注消費者的需求，細心地照顧消費者，這是因為在消費者責難爆發的瞬間，形象會受到打擊，導致大量流失客群。所以，消費者的權力比起政治權力、資本權益都來得更有價值。

聰明的消費者已經投向提供優質商品和服務外國企業的懷抱，依賴於傳統消費方式的韓國企業變得越來越艱難。原本以為依靠政治權力的力量，調整最低工資、工作時間等法律問題就能得到解決，但現在應該要放下錯覺了。根本問題在於這些具高知識水準又握有選擇權的消費者；中午享用午餐時，專門挑選美食專家推薦的消費者；遇到喜歡的物品，會搜尋、比價的消費者。數據證明，這種消費模式急劇增加，只要試圖給日益聰明的消費者穿上傳統常識的舊衣服，韓國經濟的未來就會一片黑暗。無論是美國還是中國，都選擇為消費者著想的模式蛻變，成功扭轉消費模式，看到轉變的日本和德國也正在試圖向新時代轉變。

當然，不能突然拋下一切說變就變，沒有人願意輕易放棄好不容易才穩定的生計，這也是任何時代都經常發生的事，而且不同國情還以不同的形式展開。所以，絕非是模仿美國、中國、日本照做就能解決問題，思想認同更為重要。我們不再只顧好自己、做好自己就可以，還得考慮出口在經濟中所占的比重，在全球經濟下的競爭力成為韓國社會持續發展的必要因素。如果要創造新的就業機會、擴增產業版圖，就必須正確理解全球經濟，達成社會成員都能協商一致的新標準和共識。

這不是像現在這樣資方大戰勞方就能解決的問題。在市場生態變化的革命時代，每個人需共同尊重手機智人時代文明的標準，應該制定新的相關法律條文，讓走在時代前端或是保守的人，都能產生共鳴，韓國是民主主義國家，這是任何人都能表達各種想法和主張的社會，每個人想法各異都不成問題。社會成員能夠認同文明標準是必要的，而且標準必須與世界接軌，也需要重新定義進步和保守。透過歷史，韓國已經深刻認知到一旦遠離世界的文明標準，任何政治體制都無法富國，不能再重蹈覆轍，必須共同迎向與世界大陸文明齊頭並進的數位文明時代，這是我們為了生存不可避免的選擇。

人的改變比科技革新更重要

現在是數位化轉型時代？還是第四次工業革命時代？爭論紛紛。到底是因為資訊科技技術創新研發出的商品創造了新時代？還是因為發明智慧型手機創造數位文明的人類，才引發製造業革命呢？就像「先有雞還是先有蛋」的爭論一樣，這是一個很矛盾的問題。想想看，這似乎不是個問題，但即便如此，我依然提出這個疑問，這個問題可以反映出我們看待革命時代的眼光和哲學；如果要知道自己走在什麼樣的變化線上，又該何去何從，就要先看清楚革命本質是什麼。

世界經濟論壇主席克勞斯．史瓦布（Klaus Martin Schwab）

曾說：「雖然科技革新造就了今天的數位文明，但無論如何人的變化似乎都是最為首要的。」所有數據都在證明這點。當然一開始是先有網路和智慧型手機，所以人類的變化也離不開數位科技的開始。但此次工業革命不像第一、第二、第三次工業革命時期那樣，並非因製造技術的創新帶動市場的革命，而是人類消費文明的變化造就了革命，兩者方向性的差異顯而易見。換句話說，技術只是在後方推了我們一把，是消費者自己創造了新數位文明同時也改變了整個消費市場。如此看來，此次革命不是工業革命，用「消費者市場革命」表示似乎更合適。

新技術的引進就不如過去工業革命時期重要了，對消費者市場的明確理解則是變得相當重要。人類在使用智慧型手機時自動改變了消費行為，出人意料的急劇改變導致整個市場生態發生革命性變化，製造業也受劇變影響，這就是史瓦布所提到的第四次工業革命。那麼一來，革命時代的生存戰略就非常明確。從消費市場開始就必須跟上全球大陸文明、數位文明的腳步，嘗試與市場標準一同變化。應重新審視過去制定的標準，並重新思考新標準，必須仔細審查在全球大陸出現的新文明標準且積極探討引入我們社會的文明。如果是在全球大陸已經相當普及的文明，我們的想法就必須改變，深刻思考一下，我們的文明標準為何？常識標準何在？

防彈少年團與阿米

粉絲文化主導消費革命

音樂的消費模式也是歷史最悠久的世界共同消費品之一，觀察音樂的消費情形可以看出消費文明變化的方向和年代。以音樂角度來說，最近韓國人氣偶像防彈少年團（BTS）在全球的高人氣可是擁有非常驚人的數據，讓我們意識到自發性的「粉絲文化消費」引發消費市場多麼可怕的變化。不論哪個時代，正值十幾、二十歲花樣年華的少女們總是對帥氣的偶像歌手們毫無抵抗力地狂熱不已。由此可見對防彈少年團的熱愛並不是奇特的現象，不同之處只是粉絲的熱情擴散的過程及破壞力。

被防彈少年團擊破的城牆

根據資料顯示，2018年防彈少年團二度登上美國《告示牌專輯榜（Billboard 200）》的排行榜冠軍。美國音樂界曾認為防彈少年團在5月憑著《虛假愛情（Fake Love）》這首歌奪冠時，雖然造成音樂界很大衝擊，但這只是暫時性的人氣，即使因社群網站累積的網路人氣影響力暴增，但是多數人仍然相信電視、廣播、演唱會等既有音樂流通形式的影響力更大。泰勒絲（Taylor Swift）、碧昂斯（Beyoncé）等美國頂級歌手發片後，幾乎一個月內都會在全美各地進行巡迴演出，從演唱會到電視節目都會完美消化，人氣肯定高漲。這是原先最典型的娛樂圈經營模式。

《告示牌專輯榜》是根據專輯銷售金額（與音源銷售金額換算合計）的統計結果，每首熱門音樂相互競爭來決定音樂寶座的最大、最具公信力音樂排行榜。因為這份榜單將所有數據都換算成專輯銷售量進行統計，僅憑社群網站的人氣是難以奪得第一，而且此榜單對歌曲的收益也有很大的影響。所以，美國音樂界就像是一道無法輕易拆除的巨大城牆，即使外國歌曲再怎麼在社群網站上擁有高人氣，也無法因為人氣而對榜單造成任何影響。在擁有百年歷史的《告示牌專輯榜》上，外語歌曲排名首位的次數還不到10次，而且最近一次的第一名是在2006年。然而防彈少年團一舉拆除了那座無法攻破的城牆，只是音樂影片上傳到「油管」上，並沒有進行任何的線下交易行為，就占據了各大音樂排行榜，況且防彈少年團還是在3個月內兩度登上《告示牌專輯榜》。

防彈少年團在沒有音樂商業平臺的幫助下取得這樣的成績，帶給美國音樂界巨大衝擊，這就是粉絲文化的消費威力。破千萬的防彈少年團粉絲俱樂部「阿米（ARMY）」在新曲一發片後，就向全世界傳送音樂影片連結，使防彈少年團在70個國家中都拿下媒體播放軟體「哀頓（iTunes）」下載排行榜第一位。防彈少年團音樂的傳播能力與以往的音樂相比都來得更快更強大，這都是多虧千萬名自願的網路線上推銷員具備24小時緊急應對系統才有的成果。不僅是音樂影片觀看次數，還有第一次看到音樂影片的粉絲其感動不已的「反應影片」瞬間在油管傳播，點擊率快速突破數十萬。這股旋風即將席捲全世界，防彈少年團的音樂影片必定是現代青少年必看的。得益於「油管」的普及，生出眾多粉絲，防彈少年團也像流行般快速蔓延至全世界。因此，音源的下載次數暴增，這種現象再轉換成專輯銷售額，甚至連周邊商品也都創下驚人的銷售紀錄。強大的粉絲文化造就的成績是傳統資本行銷無法比擬的。販賣芭比娃娃的世界級玩具企業美泰兒（Mattel）在2019年宣布將把防彈少年團成員製作成芭比娃娃進行販售，當天該公司的股價暴漲了7.8%，以上就是防彈少年團的粉絲文化具有多大威力的例子。

當然，這一切絕對是因為防彈少年團的音樂和魅力非凡才可能做到的，正因為有了能夠打造廣大全球粉絲的強大音樂影響力，才讓消費者自發性地擴散開來。防彈少年團的成功說明了現今在網路上爆紅即代表擁有掌控音樂市場本身的力量，防彈少年團證明了在音樂生態界具有一定影響力，再加上社群網站的人氣，以及在油管、哀頓、聲破天（Spotify）等數位平臺的作用，現在已經成為威脅線下音樂交易的巨大勢力。對於音樂流通曾經擁有最大影響力量的電視和廣播等媒體已經喪失了絕對權力，它的地位已被數位平臺取代。數位平臺上的音樂受歡迎程度由消費者決定，消費者才是王，因此粉絲文化成為新勢力，擁有多少粉絲比花多少錢打廣告更重要，粉絲才是歌手成功的原因。

阿米們真偉大

防彈少年團的成長過程證明了粉絲文化現象成就的世界大眾音樂史新紀錄。基本上要想在韓國成功成為偶像，如果不是「YG」、「SM」、「JYP」娛樂公司旗下藝人的話，是很困難的。原因很簡單，培養偶像需要長時間、龐大資金的投資，況且宣傳音樂也需要很多行銷支出，與電視臺、廣告廠商、唱片業者等傳統音樂媒體的關係也非常重要，如果不是大規模娛樂公司，很難負擔這樣的開銷，即使擁有短暫的人氣也很難長久維持下去。

但是防彈少年團為「大受歡迎娛樂（Big Hit Entertainment）」所屬旗下藝人。「大受歡迎娛樂」公司是房時代表和「JYP」朴振英代表共事之後，房時獨立成立的公司。對創作高品質歌曲、栽培傑出歌手很有信心的他，堅信只要音樂好、歌手好，即使沒有巨額投資也能成功。在這情況下發掘出來的男子團體就是防彈少年團。在資本和經營都還很脆弱的風險企畫公司裡，確保新人歌手的方法只有數位平臺。無法經常出現在電視、廣播媒體等的防彈少年團從出道開始，就利用油管頻道「防彈電視（BANGTAN TV）」等數位平臺與粉絲交流溝通。他們相信，如果自己的舞蹈和音樂具有魅力就能夠吸引粉絲。從浩大的音樂界既有常識來看，這是天真愚蠢的想法，然而如今卻出現了反轉。

只透過油管頻道抓住粉絲的防彈少年團展現了他們對音樂的狂熱和獨特的群舞魅力，在國內外形成了龐大的粉絲群，而比韓國國內更早發掘防彈少年團魅力的海外粉絲們以社群網站為媒介迅速擴散。從防彈少年團出道開始，粉絲就成立了「阿米」粉絲俱樂部，更有組織地為防彈少年團進行線上粉絲活動。阿米成立初期與國內競爭的其他偶像粉絲發生不少衝突，也有很多過於激烈的行為造成人紅是非多的副作用，但經過一段時間後，比起在國內，防彈少年團反而在美國和日本擁有更大群的粉絲，開始進行有組織的行銷作為。2017年以後，憑藉著全球龐大的粉絲網路產生防彈少年團高人氣傳播的核心作用，光是防彈少年團的官方推特（Twitter）帳號追蹤的粉絲們就高達1800萬名（2019年1月資料）。2017年，他們破了全球最高推特轉推次數紀錄之後，還被《時代》雜誌封為「下個世代的領導者」。「防彈電視」頻道的訂閱人數已經超過了1400萬名（截至2019年1月23日），防彈少年團的新曲在數位平臺發布的同時，也在全世界推廣的過程中發揮了巨大力量，過去傳統廣播和演唱會所具備的力量如今被社群網站上的廣大粉絲群顛覆了。

凡消費者走過必留下數據

正如同法國未來學家雅克．阿塔利（Jacques Attali）所說，音樂的消費模式很快會向其他消費文明擴散，近期變化的腳步似乎越來越快，線下交易的消費文明轉移到數位平臺也不是一兩天的事，然而現在粉絲們正向消費者主導消費的時代移動，這使得既有商業生態的力量越來越微弱，新的消費文明更加迅速擴張。從防禦的角度來看，這是災難的危機，但從進攻的角度來看，這相當於空前絕後的機會。以粉絲為媒介的消費文明在未來一、兩年內必定也會變成另一種面貌，在還沒來得及掌握新商業模式之前，更新的消費模式又登場了，這就是數位文明的特色，所以我們必須努力學習跟上時代腳步。

但令人遺憾的是，任何單位機關都不會教導我們關於時代變遷的資訊，唯一能確認變化的方法是透過消費者留下的數據解讀過去和預測未來。想要破解音樂行情就必須盡可能收集音樂影片觀看次數、推特轉推數、專輯銷售量、音源銷售額、粉絲專頁封面影片數等所有數據，進而分析這些數據，以了解消費者創造的新消費生態。再者為了適應新的生態界，必須重新定義音樂產業為栽培歌手，以及擬定培育粉絲文化的策略。

如果音樂消費模式的變化出現在我所屬的產業領域，會如何呢？希望大家都能想像一下到底會衍生什麼問題，然後透過數據確認一下到目前為止這些案例成真的數據有多少。請以數據為判斷基礎，了解一下新的生態模式。懂得利用這些分析數據創造新商業模式的工作，就是產業先驅。我們所好奇的所有答案，數據都已經掌握了，只是我們沒有觀察到。所以說，在數位平臺市場中，大數據的分析能力最為關鍵，擁有閱讀數據的能力就能看到全新的世界。

其實我本身也是阿米，雖然不是那種特別活躍又參加追星活動的阿米，但總是會盡全力支持防彈的音樂影片，支持防彈，期望防彈更加成功。自古以來，除了朝鮮世宗大王發明韓文，讓韓文得以普及之外，沒有任何一位英雄曾向這麼多人傳播韓文。防彈如此美妙的音樂、夢幻的演唱會、健康美好的模樣，讓年輕人怎能不愛呢？防彈少年團告訴了我們，即使沒有大規模的資本或投資，在5年內也是能透過油管成為世界級的頂尖歌手。超越以往社會的傳統觀念又創造新粉絲消費模式的防彈，今後又會引領什麼樣的先驅？真是令人好奇又興奮。

8千萬人英雄聯盟世界大賽

驗證8倍的奧運市場效果

2017年於北京舉辦的英雄聯盟世界大賽（League of Legends World Championship Series）總決賽。韓國「SKT T1」隊對上「三星蓋樂世」隊的比賽觀眾人數有多少名？光是在網路上直播的觀看人次就達到了8千萬，在世界級體育賽事上以一個比賽創造出8千萬觀眾的項目並不常見，就連獲得全世界關注與愛戴的2018平昌冬奧會開幕式，觀眾人數也不過千萬而已。就數字來看，遊戲產業已經成長為規模相當的體育產業，據北美的市場規模推算，遊戲業規模已經超過了美國四大職業運動之一的冰上曲棍球，電競已經成為全世界人口都喜愛的體育項目。

足球就是體育，難道電玩是毒品？

雖然遊戲成為現代人享受閒暇的新文明，但韓國老一輩們依舊漠視遊戲。韓國國會不時爭議著要將遊戲產業列為毒品或賭博產業，在他們眼裡遊戲不是有益身心的體育項目，如果把英雄聯盟2017賽季世界大賽吸引8千萬人觀看的數據提交給國會，那些官員肯定會說：「你看就是它，像這樣中毒的人很多，難道這不是毒品嗎？必須更加嚴格限制。」這些國會議員就這樣自以為是地代表著韓國國民的想法，我們怎能不心慌。

讓我們站在青少年的角度試著思考看看。我本身是允許學生玩遊戲的。過去我們也曾玩過遊戲，只不過現在遊戲水準跟以往差距甚大，雖然不能與孩子們一起玩，但沒有勸阻孩子玩的理由啊！想到這是他們享受的文化，我們就沒有理由阻止孩子。有一位學生跟我說，他之前在家裡觀看英雄聯盟2017賽季世界大賽，在中國心臟地北京聚集了4萬多名觀眾的情況下，中國隊與韓國隊之間的決賽場面相當緊張刺激，他就一邊為韓國隊加油，一邊觀看直播賽事，並且在網路上留言表示支持韓國隊。正當熱血沸騰之際，爸爸來了。爸爸發現兒子收看的頻道是遊戲節目直播，非常生氣，罵道：「現在不只是玩遊戲還追起遊戲直播來了，以後到底想靠什麼吃飯？」這位學生連忙關閉電源，向父親認錯，可是這位爸爸事後卻泰然自若地坐在客廳沙發上，打開電視觀看英格蘭足球超級聯賽。

學生問我：「英雄聯盟世界大賽和足球比賽到底有什麼不同？」而大人們往往會回答：「足球是有益健康的運動，但遊戲是毒品啊！」果真是如此嗎？體育的定義是會根據該時代文明視角而有所不同。源自英國的足球像現在成為全世界人都喜歡的運動，也是經歷歷史推移變化而成。能夠在韓國室內觀看英格蘭足球超級聯賽其實也是最近的事情，英國付出心力將在英國舉行的足球活動推廣為全世界人類可以一同共襄盛舉的活動，將整個足球市場壯大，才有如今的大規模，與過去只在英國舉行的活動不同，相關產業也爆發性增長不少。現在這項足球聯賽已經成為國家資產且是創造工作機會的重要產業，可以說是體育產業追求的最佳模範成功實例。

所以，所有的體育項目也都夢想有一天能像英格蘭足球超級聯賽一樣成功，因而致力培養和擴散體育生態界。但並不是所有項目都像足球一樣成功，要確保龐大粉絲數量並不容易。遊戲可以視為近年來發展最快的體育產業，無論是從球迷的規模還是熱情方面來說，都已經成了一項非常神聖的運動。然而，在目前的文明中，還無法正確地將遊戲評價為體育；以老一輩的標準來看，體育是來自西方擁有悠久歷史的運動。

2018年雅加達巨港舉辦的亞運會上，《英雄聯盟》、《傳說對決》、《星海爭霸》、《爐石戰記》、《部落衝突：皇室戰爭》、《世界足球競賽2018》等六款高人氣遊戲被列入電子競技示範賽，受到許多年輕朋友們的歡迎。韓國最火紅遊戲《英雄聯盟》決賽網路直播時，甚至出現人數過多導致伺服器當機情形，但這只是首次被採納為示範賽並非正式項目而已，網路廣播部門就開玩笑自嘲反省說「現在是不是都該進行遊戲廣播了！」這說明自發性粉絲們的威力有多麼可怕。

比李大浩更優渥的職業玩家年薪

擁有世界級高人氣的電競遊戲代表《英雄聯盟》的製作公司其實是中國騰訊的子公司，騰訊意識到英雄聯盟的可能性，花費巨資收購美國遊戲開發公司銳玩遊戲（Riot Games）100%的股份。現在騰訊致力開發遊戲、強化遊戲功能，更是打造了龐大的遊戲生態界。各國各大洲都紛紛加入職業聯賽，發起國際對決，也會投資栽培優秀職業玩家，使得觀看世界級遊戲競賽變成年度盛事，英雄聯盟仿效世界盃創立了英雄聯盟盃，更是每年吸引全球2億以上粉絲觀看的體育項目。英雄聯盟世界大賽總決賽還創下8千萬驚人的觀眾人數紀錄，隨著英雄聯盟人氣的上升，還開設了專門播放英雄聯盟的電視臺，英雄聯盟電視臺因為想轉播韓國世界頂級職業玩家李相赫（Faker）的練習畫面，還簽了合約。李相赫在2017年年薪就達到了30億韓元，遠遠超過頂尖韓國職業棒球選手李大浩的25億韓元年薪。

騰訊擁有了以英雄聯盟為基礎的巨大電競體育產業生態系，英雄聯盟的人氣不再單純地侷限於遊戲上，而是在邁向體育之路的同時，沿襲著足球、棒球成長的道路，逐步成長為全球新人類喜愛的體育產業。遊戲公司在獲益的同時，也創造了很多年輕人喜歡的優質工作機會，欲栽培與遊戲相關產業，比起老一輩社會歷練豐富的長者們，更需要了解遊戲文化的年輕人，所以相當多年輕人從事電競領域相關工作。像這樣一邊構築一邊發展生態系統的技術，已經成為騰訊的核心力量，促使電競擁有更加強大堅固的商業模式，這就是世界第八大企業的威嚴。

很多人比起挑戰不熟悉的事物，往往更傾向於面對恐懼猶豫不決。在智慧型手機問世以前，遊戲是建立在電腦的基礎上，在那個時代的韓國風靡著很多超高人氣的遊戲，遊戲產業因此也有了很大的發展。吉恩立舒服特（NCsoft）、納克森（NEXON）等韓國企業橫掃全球遊戲市場，藉此成長為大企業。然而社會馬上就會把目光集中於副作用，很多人認為遊戲中毒導致的副作用問題非常嚴重，因此盡可能制定規則，利用這些限制設法將副作用降到最低限度，結果卻導致遊戲產業崩潰。

相同的資料，美、中與韓國以不同的方式解讀。美中人認為如果有眾多熱情粉絲，比起面臨遊戲中毒問題，他們更認為該遊戲很有可能發展成體育活動。足球和棒球的中毒性都很強，足球迷凌晨起床觀看英格蘭足球超級聯賽；棒球迷每晚觀看4小時的職棒賽事，必須擁有龐大數量的球迷愛球成痴才能發展成為職業體育。以全世界來說，當時熱愛足球的球迷不是比喜愛遊戲的玩家來得多嗎？所以，騰訊以幾乎要變成體育項目的高人氣遊戲《英雄聯盟》為主打項目，策畫了大規模體育活動，並開始挑戰構築遊戲產業生態界，雖然我們之中也有人對愛好遊戲的文明感到陌生，但我認為這給了我們發展新產業的機會，挑戰成為先驅。

韓國的目光是不是過度注重老一輩長者們的想法？只以長

輩的判斷為主，光煩惱著副作用問題，結果是不是沒有把握住創造新產業及工作機會的機緣？遊戲已經向我們證明充分的才能和可能性，遊戲是體育產業，早已成為美國、中國及歐洲國家的常識。但看來韓國似乎是要等到這種常識在他國生成了其他產業、創造了就業機會，蔓延至韓國的時候才會接受新觀念吧！但到那時候，韓國的機會可能所剩無幾。

產業先驅並不一定只屬於製造業的特權，現在該是長輩眼光必須改變的時候了。從數據上來看，遊戲並非毒品，而是正當的運動。看了8千萬名觀眾的數據後，「這樣下去，中毒問題該更嚴重了吧」或是「有這種本事就能發展成體育項目了吧」，這兩者間應該以什麼樣的角度看待呢？想要成為產業先驅，就必須先解答遊戲業向我們提出的問題。如果為了阻止危機，連機會也一同置之不理的話，我們就沒有未來了。

遊戲文明

即使危險也得學的宿命

我總是告訴學生「要學會玩遊戲」。騰訊身為世界頂級的遊戲企業，已躋身於全球10大企業之中，現在遊戲已成為全世界人們喜愛的關鍵產業，我們應該了解許多人喜愛遊戲背後的原因以及遊戲本質。我想，很多家長和老師都表示擔憂，他們認為青少年遊戲中毒情形相當嚴重，不能將這個問題放任不管。我也是百分之百同意他們的看法，遊戲中毒真的很危險，但說實話，其實我之前留學時第一次接觸線上遊戲，那時我也是玩遊戲玩得如癡如醉，幾乎把一個月的學習事項都拋在腦後，徹底迷上遊戲。但相當幸運的是，我克服了萬難順利完成學位，但那時我深切體會到遊戲中毒有多麼危險。

回國後我當上教授，開始指導學生，但也為了指導沉迷於遊戲新文明、為遊戲痴狂的學生，吃了不少苦頭。沉迷於遊戲的學生從眼神開始就不一樣，眼結膜下出血、疲倦、全心全意連身體都投入到遊戲中，要使他們擺脫遊戲束縛至少足足需要一年的時間，嚴重者還需接受醫學治療。然而，以法律來禁止遊戲本身並不能解決任何問題，畢竟遊戲早已是30%以上人類喜歡的新娛樂文明。無論何地人類總會暴露在遊戲文化中。與其盲目地強烈阻止遊戲的入侵，還不如適當地節制沉迷於遊戲的自身。

即使中毒想躲也躲不掉

對人類來說遊戲中毒是免不了的命運。一直以來酒、菸、賭博都保持著歷史悠久的副作用紀錄，這些東西總是全世界青少年禁止接觸的；特別是酒，對他人造成的危害也不是普通地大。近期還有人因酒醉犯下殘忍罪行，卻用一句話「我不記得」來逃避責任的罪犯正在增加，引起社會公憤。酒駕造成的傷亡人數越來越多，損失也相當慘重。錯誤的飲酒習慣不僅是自己的問題，還有可能瞬間摧毀他人的生活。然而，總不會完全禁止販售酒精飲料，如果能夠好好享受，也會帶給人們幸福快樂的。

很多韓國家長們遇到遊戲這種陌生的中毒文化，其實相當不知所措。大家都知道青少年沉迷於遊戲，光靠訓斥是無法阻止的。雖然可以因為責罵讓孩子不在父母面前玩遊戲，但朋友們聚在一起時，任誰也無法阻止這些孩子玩遊戲。因此，我們不能一味地阻止，而應該讓孩子知道遊戲的危險性和可能性。

首先，要讓玩家們認知到如果遊戲具有很強的上癮性，如果不能節制就會毀掉人生中最重要的時期。如果狀況允許的話，父母一起玩遊戲，其餘時間與孩子一起學習，效果會更好。越是中毒嚴重的文化，父母越需要與孩子在一起。正因為遊戲危險，就需要付出更多的努力。如果這是用一句「不准玩」就能解決的問題，就不會有遊戲中毒一詞了。

如果家長們玩了一下開始覺得遊戲有趣，就要開始討論各種遊戲的可能性。想想遊戲這麼受歡迎的原因，分析一下高人氣遊戲的特點，父母與孩子一同討論多種遊戲相關產業和職業。事實上，遊戲相關產業生態已壯大，遊戲相關職業也不僅是開發者和職業玩家，而是非常多樣化的。很多青少年透過遊戲直播接觸新遊戲，在油管上以影片取得成功的世界級創意家，不少是以遊戲節目開始成長的。韓國也不例外，賺取數十億的職業玩家、遊戲直播主、節目製作人、遊戲攝影師、遊戲企畫、遊戲行銷人員等新職業層出不窮，在油管上直播遊戲成功的案例也很多，世界頂級的瑞典油管播主《屁弟派（PewDiePie）》遊戲頻道，一年收入可高達數千萬美元，韓國遊戲直播主代表油管網紅大圖書館（buzzbean11）在2017年申報的所得也達到了17億韓元，可見遊戲形成了多麼巨型的市場生態界。

家長們也應該意識到這種遊戲產業的成長及變化，在享受遊戲文化的同時，了解遊戲產業的擴散原理更加突破對商業企畫的思考限制範圍。以數位平臺為媒介的新產業，大部分都類似於遊戲產業，如果從小就培養遊戲思維，日後對學習產生興趣與熱忱，對於深造各類領域也都會有很大的幫助。近期有許多父母因孩子想成為職業遊戲玩家或遊戲直播主而傷透腦筋。學生專心學習必須熟記的八股內容難道不是面對未來社會的正解嗎？然而，讓喜歡遊戲的孩子們以遊戲思維理解新產業的成長過程，進而學習新的職業市場資訊的話，必定是更高品質的經驗教育。

粉絲文化是遊戲產業生存的必要條件，不論廣告打得多麼驚天動地或是設法動員人們增加下載量，只要體驗過遊戲的玩家無法成為真粉絲，這款遊戲的人氣就會下降；如果沒有自己的秘密武器，成功的可能性可說是微乎其微，遊戲界可說是刺激熱血的競技場。一旦能夠透徹地理解遊戲產業的本質，就能掌握數位消費文明的成功因素。當孩子正沉浸於遊戲時，家長可以試著引導孩子探索高人氣遊戲的成長背景、銷售規模、階段性發展戰略、成功祕訣、相關產業、活動規模及最佳玩家等資訊，並且從中學習。親自開發遊戲也是個很好的選擇，沉迷於開發遊戲軟體之時，就代表著有機會成為優秀的遊戲工程師，這會是一次很好的學習經驗，絕對可以彌補遊戲中毒帶來的損失，而且對於學習而言最有效的刺激劑就是關心和樂趣。

雖然危險，但必須學習，這也是生活在這個時代全體人類的宿命。大部分孩子們只要有大人在一旁關心和照顧，就能機智地克服遊戲中毒的危機。沒把握而徬徨之時請家長們回顧一下我們都還是青少年的時候，那時對哪些東西上癮了？曾經有那麼一段時間，我以每天喝酒而自豪，有的時候躺在床上還能看到天花板上有撞球在球檯上來來往往。有酒精中毒的人，也有對撞球癡迷的人，但是多數者都巧妙地克服了中毒的危險，而把酒和撞球變成讓人感受到幸福的工具，也來到了現在的位置，我們的孩子也絕對有那種力量，我相信如果家長能根據自己的文明眼光與孩子們一起呼吸，一定能創造出美好的未來。

經驗回歸原點

必須徹底改變顧客標準

秦始皇統一中國後統一貨幣、制定度量衡，確立標準化文明，這些都是秦國發展為一代大帝國的契機。自此之後，各樣的標準規制都在人類史上扮演著重要角色。第一次工業革命以後，人類開始具備了機械文明並擴散到全世界，徹底改變全人類的生活標準。伴隨著蒸汽機和火車的出現，鐵路交通網遍布全世界各個角落，西方的科技文明也隨之傳播，英國、西班牙、葡萄牙等國家相繼開拓海外殖民地，以機械技術為根本的西方文明一舉成為全世界的標準。

第二次工業革命時期，全世界形成了電力網路，更穩定的電力普及於全世界，幾乎完全顛覆所有的生產系統，並很快擴散到家庭用電。現在的我們根本無法想像沒有電的生活，電力網路已經成為人類生活文明的標準。

第三次工業革命是通信網路擴散到全世界後相繼發生的，因為網際網路的出現和通信技術的發展又再次革新全人類的生活，智慧型手機問世後更是如此，人類生活變化的速度實在非常快；不過才短短30年，網路普及到所有家庭，現在幾乎所有日常生活都離不開智慧型手機及網路。在這短暫的時間裡，人類文明的標準被徹底改變。

現在討論到第四次工業革命時代，人工智慧、機器人、物聯網、無人機等新型數位科技的時代即將到來。為尚未到來的第四次工業革命時代，我們首先要準備的是正確理解早已成為現實的數位文明標準，並開始應對新標準來思考。

差異非技術性問題而是經驗

正如史考特·蓋洛威教授所提到的，現在應該把人類文明的標準以手機智人為基準，只有這樣才能理解所有變化的導向並作好新的準備。事實上，科技帶來的矛盾已是嚴重的社會問題，因以數位文明為基礎的共享經濟的引入，造成既有產業相當大的損失，受影響之企業及勞工要求透過限制來穩定市場，尤其針對愛彼迎、優步等平臺企業，他們強烈要求抵制這些大規模平臺企業，以維護傳統計程車及飯店旅遊業的商權。依照我們的文明常識這些訴求並沒有錯，但當考慮如何找出解決辦法時，我們必須考慮該採用哪一個文明標準。

如果使用服務的用戶是以手機智人為標準，那麼客戶會選擇哪些服務呢？答案應該在此可以找到。1928年3月14日《朝鮮日報》刊登了這樣的報導：首爾市（當時為京城府）宣布營運富英巴士，但因這樣的大眾交通服務低廉，人力車伕們大舉前往市政府進行抗議示威，當時保護平民也是重要的政治課題，京城府便宣布巴士產業回歸原點，停辦富英巴士。然而不到一年的時間，卻因計程車的增加和其他公車的運行，人力車伕的數量急劇減少，最終消失。而改變這一切的就是消費者的選擇。

體驗過新文明的人類會瞬間將原有的習慣及經驗化為烏有，轉而投向新文明的懷抱，然後生活的標準也馬上相繼改變。很多人認為，當時和現在有技術上的差距所以兩者的情形不一樣。雖然是不同，但差異不是技術而是經驗。體驗過新服務的手機智人現在正在改變標準，人類文明標準改變後，影響將擴大到所有領域。雖然遺憾，但這不是規制能夠阻止的。計程車和優步之間的鬥爭注定會直接影響到我們的工作機會，所以必須提前預測及思考。卡考銀行成立僅一年就擁有超過680萬名顧客，其理由是什麼？這個差異很微妙，因為向來熟悉的卡通人物很可愛而不能說加入卡考銀行的人錯了，我們只需要理解可愛的角色和手機智人要求的服務的差異。

許多銀行業者都在忙著準備第四次工業革命時代的到來，客戶諮詢服務引入人工智慧，規畫區塊鏈金融服務。但最基本的行動銀行依然沒有太大變化，因行動銀行仍不能放棄以既有線下銀行業務為基礎的服務基本框架，所以在使用時會想:「到底為什麼需要改變呢？」以固執無視微妙差異是很難的，唯有客戶的標準改變了，創新才會開始。觀察一下我們今天的工作，現在公司的標準客戶是誰呢？

油管漠視電視廣告的理由

越是歷史悠久根基越雄厚的企業，創新當然就越困難。很多業者聽了我的講座後，紛紛透過雷寶或油管擴大廣告範圍，但後來卻常抱怨網路廣告效果不彰。然而如果仔細分析網路廣告不如預期的因素，就會發現企畫本身就有問題。許多業者將電視廣告原封不動地搬上油管播放，這並不是手機智人追求的風格，當然廣告效益就會不如預期。油管的消費模式與電視不同，熟悉電視的人從形式上開始觀看油管，就很彆扭不易收看。但這就是油管的魅力所在，需要製作得有些愚蠢又符合大眾胃口，也總是需要最新鮮有趣的內容，不然的話就得製作出非常新形式的廣告。但如果以投資巨額在製作電視廣告的大企業觀點來看，這可能會是無法容忍的廣告。所以，將既有風格的廣告上傳到油管後，便受到冷落。

油管文明之所以高人氣，其流通方式也有所不同，既然所有的選擇權都掌握在消費者手中，那麼就需要能夠讓消費者自己能夠打開觀看的內容。要符合大部分企業為了販售商品而製作廣告是很難的。「新品上市了，請來買某某物哦！」這樣的廣告很難透過個人傳播，而像這種電視廣告無限反覆來刻畫商品過去確實是行得通。然而，「使用後原來是這樣！」消費者使用產品後的評價上傳到油管上，反而引起巨大迴響；在三星蓋樂世首次推出防水手機時，引起顧客熱烈關注，觀看次數高達數千萬的油管影片中，有一個油管播主為了測試防水性能，將某款蓋樂世手機放入水中、可樂中，甚至放入能夠煮泡麵的沸騰熱水裡。這就證明了新文明的微妙差異。

如果企業無法正確理解文明的標準，就絕對不會被消費者選擇，必須要重新徹底檢視我們既有的常識。首先要重新檢查公司的營運手冊，在符合新人類標準下一個個糾正所有可能存在的問題，就得抱持這種態度出發，這不只是製造和銷售商品的問題。我們的公司必須創造可以得到消費者選擇並獲得消費者們按下「喜歡」的理由。

文明改變常識

在過去幾年間，我們觀察到不少大企業被消費者譴責的情況。某乳製品總公司的職員強求某年長的代理店老闆點餐並辱罵，該營業職員的語言暴力和硬塞物品的慣例被揭開後，導致公司陷入危機，之後還發生抵制運動；另外某披薩企業老闆對相較弱勢的保安施暴的案件被傳開後，公司的銷售額大幅下降；甚至有些公司因蒙受負面形象，造成銷售暴跌，公司股票下市。這些企業也許會感到委屈，雖然不合理但過去像慣例般處理的案件，如今卻不同了。這些企業忘卻的是這段期間文明的標準改變了。現在消費者互相聯繫，互相溝通，透過自己的選擇決定消費方式，比起受到巨額廣告的影響，他們更信任透過大眾口碑傳播的真實感。

如果文明標準發生變化，常識也該隨之變化。很多還未適應此變化的企業都面臨著困難，即使幸運的是有些消費者並沒有察覺，但這樣的企業持續成長的可能性也降低，應該勤於更換和改變。企業的基因只有配合消費者創造的手機智人文明才能成長，對個人來說也是一樣。當我們在進行規畫、準備及推進的工作都把手機智人看作標準時，就必須時時刻刻考慮該如何改進；不清楚的時候，首先要問問年輕人們該用什麼方式來改變；引進數位科技之前，首先想到的應該是思想改變，進而才能理解文明。想長期工作，就得改變自身的想法。

應用軟體的主人

全權由手機智人決定

如果我們開始認為文明的標準是手機智人，那麼首先要關注的就是他們享受著什麼樣的生活，欲理解文明，就得配合思想及生活的眼光。首先應該了解手機智人正在觀看何種媒體、享受哪種消費模式、創造什麼想法。最好的方法就是使一切盡可能與手機智人的生活類似，但此並不太容易。次優的方法是透過數據來認知和學習手機智人的生活方式。應該做到這點的理由如下所述。

摒棄老闆喜愛的應用軟體

許多企業為了因應電子消費，紛紛架設網站、開設網路商城，也陸續投入開發相關手機應用軟體。然而對新文明毫無理解，盲目開發應用軟體又擴大行銷的方式明顯與手機智人的文明不符，投入大量資金開發的網站是不會有成果的，相關應用軟體也不會受到歡迎。韓國政府開發的大部分應用軟體就是如此。初期可以利用過去的行銷方式勉強使消費者下載，但使用一次之後的消費者開始留下不喜歡或是「不怎麼樣」的評論，顧客就會瞬間消散。所以，從策畫開始就必須細心配合手機智人的心。

一決定開發應用軟體，就要認真考慮消費者需要的是什麼。當我們堅持想向消費者展現產品時，常也執著於販售商品，這時往往會迷失方向。觀察一下成功的應用軟體，就會找出答案；短時間內吸引最多消費者的卡考銀行充分展現了手機智人的導向，最大限度地減少人員接觸次數，在最短的時間內提供客戶想要的服務並解決問題。企業首頁介紹公司，緊接著的介面維新上市的商品廣告，再個別製作消費者菜單，諸如此類的方式無法受到手機智人的青睞。再看一下受到許多人喜愛的星巴克應用軟體。打開應用程式，再晃動一下就可以在櫃檯結帳，這樣的經驗消費者永遠不會忘記，並不是什麼特別的差異，但卻在消費者之間形成了「這個一定要用」的心理，這就是提升服務品質的決定性因素。

開發應用軟體需要交給熟悉應用程式文明的人來準備，並賦予他們絕對的權力。大部分公司都把焦點集中在企畫高層管理階層或總經理喜歡的應用軟體上，只有這麼做才能在開會時不被推翻，新進職員們興致勃勃地收集資料、學習、為客戶規畫、提出點子，首先都由科長檢查，提案被駁回的話就得重新來過。看了科長這關，部長會作的判斷是如何，相信大家已經很清楚了，這些提案都會根據部長的想法提前進行修改，介紹公司的內容一定得放進去，整體上要稍作整理，又是不是看起來太草率了？結果為了反應科長的立場再修改應用程式，和顧客之間就開始有隔閡。

部長於討論會議上表示將加大修改幅度，這樣下去常務的提案也不能通過，在為了向老闆報告而舉行的常務會議氣氛非同尋常，任何牴觸老闆的內容連一個字都吐不出來。當然結果就是可愛或者年輕人所熟悉的提案根本完全行不通，最後還出現「還不如比照其他公司」的說法。

近期公司職員們往往處於精神崩潰的狀態，當初連夜策畫的內容中被許可的只有應用程式，老闆檢討的標準依據就是他的喜好。這些大老闆雖然不熟悉應用軟體文明，但老闆是這個行業裡最成功的，正因為如此，大家才信服於老闆的自信和驕傲，不僅不輸給任何人且實力也相當出眾，很難有人能夠站出來否認吧！

別在意不用應用軟體的人，我們走我們的路

在最後的會議上，應用軟體究竟會以怎樣的面貌存活下來呢？如果不是讓每天使用應用軟體或是至少使用10個領域應用軟體的老闆來決定，要下判斷真的很難。應用軟體開發方向發表時，老闆想將自己成功的經驗加諸於己身上，老闆說：「能不能將過去風靡一時的廣告策略使用在應用程式上呢？」又表示想透過多樣途徑學習並應用掌握趨勢，老闆又說：「有沒有

辦法和油管聯繫？」應用程式開發組員們紛紛將老闆的意見記下來銘記在心，因而產生「那我們就別再開發新東西了」，新的點子不是公司所培養的，而是新職員的創意點子竟然被公司固執迂腐的想法給附身。

然而事實上韓國企業就是透過這種垂直決策的體系才得以成長，所以也不能輕易放棄既有慣例，無條件替換垂直組織體系也不是正確答案。但是，在為手機智人量身訂做商業模式時，就必須改變方法，應該站在消費者的立場上考慮，排除掉所有不熟悉應用軟體文明的人。最理想的是，上層主管機關以身作則，積極使用應用軟體，努力跟上手機智人的腳步。乾脆把對數位文明的適應力反映到人事聘用上也是很好的方法，如果還有不清楚的，就用消費者的數據來確認就可以了。老闆應該跟隨傑夫・貝佐斯的思維：「如果你想說服我，就拿數據來；如果你想維持經營公司10年以上，那促使公司發展豈不是理所當然的選擇嗎？」

數位文明的傳播已經相當顯著，企業根據現今消費環境而變化並不是選擇的問題，而是生存的問題，這就是為什麼所有行使公司重要決定權的人都必須穿上新數位文明服裝的原因，從理解自身觀點符合何種文明開始就是變化的起點，為了制定革新戰略，所有成員首先要做的就是將手機智人時代的文明判定為標準文明。這條路雖然艱難，但因攸關生存大事，我們別無選擇。

第三章

隨選服務
翻轉商業

PHONO SAPIENS

3

德國愛迪達（Adidas）超越傳統零售業，

引進利用消費者購買數據並製作及配送產品的新概念工廠系統，

不論訂購量的多寡，只要消費者選擇就立即進入生產與否階段，

消費者可以從多樣設計中挑選自己滿意的款式，

製造系統配合顧客將於24小時內提供產品。

新概念工廠系統將重點投入精密的機器人、3D列印機、物聯網及感應器，

這是依據消費模式改變製造方式的典型事例，

可稱為手機智人時代裡最有效率的商業模式。

模式的變化

手機智人留下「痕跡」

欲配合電子消費文明規畫事業藍圖，就必須學習數位平臺、大數據及人工智慧等相關知識，這三大項目可稱作新產業企畫的「三位一體」。

解讀消費變化

首先必須理解數位平臺，現在正是所有消費文明轉向數位平臺的時代。技術上該如何建構、伺服器及應用程式間的關係為何、消費者又該如何活用科技新玩意，這些都需要正確的理解，如果了解得不夠透徹，就應該學習。技術性理解之後，現在必須學習更重要的事物，要去探討該如何帶動以數位平臺為媒介的消費行為。那麼，數位平臺市場又該從何處著手學習呢？

法國的著名經濟社會理論家兼未來學家雅克·阿塔利曾說，音樂消費的變化是預測未來產業變化的最佳指標。阿塔利在過去30年間以音樂為指標成功地預測了實際的產業及社會變化，因而成名。他的假說至今依然很符合現狀。其實音樂是人類最悠久的，也是最大宗共同的消費商品，幾乎所有人都喜歡音樂，所以不僅消費量龐大，愛好也相當豐富多樣，因此音樂產業的變化也是所有消費領域中吸收技術最快的領域。

1980年代後，反映尖端科技的產品製造技術一直由音樂（廣義為媒體）主導，為了因應聆聽音樂的各種情形及需求，出現了多樣的尖端資訊科技商品，家家戶戶都有音響，為了能在路上就能聽到高音質的音樂，還衍生出「MP3隨身聽」這個創新產品，在車內的音響系統也變得相當重要，去郊遊時也需要能符合規格的產品，2000年代網路時代來臨前可說是這些商品的全盛時代，也是製造王朝，索尼成為世界頂級企業也是在這個時候，從音樂到影像，所有消費媒體的裝置都在引領尖端資訊科技產業時代；2000年以前正是以產品創造新文明的時代，音樂本身也含在卡帶或光碟等產品中銷售，這些曾是一般常識。

然而因「MP3播放器」和「蘋果播放器」的登場，音樂消費的基層開始改變，聽音樂的產品依然需要，但音樂並非透過產品，而是以數位平臺開始流通，並且在智慧型手機問世不過10年間，商務平臺流動得更加迅速。現今以電商平臺為主要媒介的韓國音樂消費已經成為標準。當然，雖然現在仍然還有購買光碟或黑膠唱片聆聽音樂的人，但數量已經明顯減少，而至今仍聆聽光碟或黑膠唱片的人可還會被稱作「樂迷」呢！就這樣光碟及黑膠唱片成了一種嗜好而非大宗聆聽音樂的媒介。

隨著數位平臺音樂消費的普及，製造業逐漸沒落，夏普、東芝、傑偉士、三洋等日本代表企業也漸趨式微。不僅如此，產光碟及光碟播放器的公司們也一同消失，也還有其他產品在不知不覺中看不見它們的身影，錄影機及數位多功能影音光碟也都是如此。現今韓國使用數位多功能影音光碟觀看電影的人也幾乎消失了，不知不覺間大眾媒體透過數位平臺下載（或是串流媒體）進行消費，已是一般常識。

若是說音樂消費是其他消費文化變化的預告，那麼電子消費肯定會向近乎全盤的領域擴散，而擴散速度及範圍將會是極高、極廣。以音樂消費市場為代表，唱片的實體店面銷售額比重及音源下載銷售額的比重是多少呢？韓國的音源銷售額已經比實體唱片銷售額高出10倍以上，美國的音源銷售額則是約高出實體唱片3倍左右，而日本的實體唱片銷售額則仍比音源來得高。全世界公認2018年是音源銷售額終於超過唱片銷售的第一年，當音樂消費轉向數位平臺後，其他領域的消費也將很快被消費者習慣。

近期我造訪了韓國最大的服裝品牌公司，作為老牌時尚企業，實體店面在韓國國內數量最多，又以電視購物、網路商城等幾乎所有方式流通的一家服裝企業。據說該公司從2017年開始，網路銷售額占比達到整體的33%，目前仍致力於線下銷售，然而突然增加的網路銷售額讓公司可是大吃一驚。人類向來將衣食住行視為生活必需條件，可見服裝是必需的消費，

33％的網路銷售額是僅次於音樂的最大宗消費商品，這就是服裝販售通路正迅速地向數位平臺轉移的明確證據。

顧客覺得沒意思就會走人

最終所有的消費都轉向數位平臺，這就是手機智人文明的命運。才說要正確理解數位平臺的商業模式，不僅必須了解技術要素，還要準確掌握商業流程，最大的問題是數位平臺消費與實體零售存在的根本差異，如果不能正確理解這一點就很難成功，很多以線下交易取得成功的企業若轉向數位平臺跑道，往往遭遇相當大的困難。

若是想在數位平臺上成功地取得商業成功，首先得要理解多樣的消費模式，用一句話概括就是「消費者為王」。在線下消費時代裡，音樂消費的絕對決定權掌握在傳統媒體手裡；音樂透過電視或收音機傳播，並收到粉絲的選擇，以線下交易零售商店銷售光碟，進而完成商業行為的消費系統。企業的商品銷售也是按照此標準進行的，大企業透過投入巨資的電視廣告介紹商品讓人們認識，這樣的認知是透過實體店面銷售新產品的常識。但現今隨著消費者轉向數位平臺，曾具備音樂消費絕對權力的傳統媒體其作用大幅降低，數位平臺比電視節目更使音樂流通，在數位平臺上可以確定音樂的熱門排行，這也展現出消費者的選擇，在人們親自聆聽音樂和選擇的過程中，自然而然地決定了排名，從而創造出趨勢。

這種商業模式的轉變，對大企業來說，是非常陌生的。需要巨資的電視廣告使得大企業無能位居新商業界的壟斷地位。原先只要按照每年的日程慣例推行，就能維持原來的位置，然而在數位平臺上老方式行不通。依照既有方式經過長時間的策畫並投入巨資打造數位平臺，就這樣按照以往的作法，再配合數位平臺準備開場白，投入數百億資金打廣告吸引客戶，至此和以往沒有什麼不同。找來顧客後才是問題，若是體驗過一次新玩意的顧客們表示：「也沒什麼嘛！」這時，顧客們就會瞬間消散而去，這是過去不曾經歷過的事情，原本深信的權力存在於大品牌力量中，現在卻轉移到了消費者身上。正因為如此，許多大企業在向數位平臺轉換事業舞臺的過程中都慘遭失敗，生態環境也隨之發生巨大變化，眾多風險企業相繼在數位電商平臺商業上取得成功，與大企業並肩而坐，或者被大企業收購合併，整個市場生態界正在活躍地交替著。

以數位平臺為基的商業依靠客戶的選擇和粉絲文化成長。所以，現在能夠正確理解熟悉電子消費文明的消費者，並能確實地打造出滿足他們所期望的企業就必能獲得成功。大企業擁有精巧的系統，更是具有依長期計畫執行的特性，因此在及時反映消費者在數位平臺上的需求上，應對能力會相對下降。相反地，從創業開始就只依靠數位平臺生存的風險企業，為了在競爭中生存，就必須擁有爆發力應對消費者的回應，因此成功獲得客戶投資者應對客戶的能力相對是非常強，並且能夠憑藉現在握有的實力，持續確保更多的客戶。

握有大數據的人們

那麼風險企業如何擄獲顧客的心呢？這就是新產業企畫三位一體的第二要素「大數據的力量」。

手機智人每天都會留下大量數據、每個瀏覽過的網站都會留下痕跡、手機中也保有手機支付的紀錄、手機智人還將拍攝的影片上傳到油管上等，這一切行為都累積著數據，只要仔細研究這個數據，就能讀懂客戶的心思。

數量龐大、形態多樣，難以定型的數據被稱作「大數據」。亞馬遜執行長傑夫·貝佐斯致力於關注這些客戶們的諸多痕跡，從事業初期開始就勤於記錄和分析平臺上留下的所有用戶的蛛絲馬跡。數位平臺的核心是數據的管理和分析，貝佐斯因此開發了眾所皆知的亞馬遜網路服務，更是推出龐大的雲端系統。亞馬遜網路服務可是目前亞馬遜最大的搖錢樹。許多企業在亞馬遜商業網路服務裡築巢，並且也接受亞馬遜分析各樣數據的系統。亞馬遜以過去練成的技術為基礎，開發出分析顧客大數據的系統服務，這也成為另一個亞馬遜的事業項目。亞馬遜網路服務已是為亞馬遜帶來最大利益的服務，這就是亞馬遜堪稱雲端服務企業的原因。

貝佐斯透過亞馬遜網站收集龐大的客戶數據，再讓許多數據分析學者對此進行比對分析。了解顧客心思的工作持續了十多年，現在更是以用戶留下的紀錄為基礎，開發出客製化服務，確立了以客戶為核心的商業經營方式並取得成功。透過顧客在網站上造訪的痕跡，推薦顧客們正在尋找的東西，並且向顧客推薦滿足顧客取向的相似其他商品等。從顧客的立場出發，以數據為基礎持續提供顧客需要的服務，亞馬遜以消費者大數據為基礎，開發出向顧客推薦商品的服務之後，亞馬遜就像教科書一般在數位平臺界中大規模擴散。

從圖書販售起家的亞馬遜相當有自信地將事業擴展到公開市場並取得了成功，成功的背景就是基於大數據的「顧客中心經營哲學」。貝佐斯說起亞馬遜的成功，總是強調客戶為核心的經營模式，而大數據就代表著客戶中心經營法則的最基本要素，企業在經營戰略制定時，以顧客為中心就必須從大數據出發，熟悉大數據分析後，促使經營領域擴大。亞馬遜將零售中最困難的需求預測利用大數據來推估，並應用到物流系統中，用最少的物流費用建構最敏捷的配送系統。目前亞馬遜仍根據大數據分析持續更新及設計新的商業模式。

亞馬遜的數據採集機

因為數據的累積收集，人工智慧成為實現客戶中心經營模式的最可能手段。在人工智慧的演算法中，深度學習是指，透過表徵學習資料數據，進而找出解答的方式，對像亞馬遜這樣長期執行大數據分析的企業來說是非常有效的方法；以過去收集的數據為基礎，確立演算法，並根據不同的商業情況靈活運用於多樣系統模式，大數據更加豐富後，預測的準確性也會大幅提高。

一開始必須從顧客推薦系統著手。亞馬遜從圖書起步的推薦系統，領域擴大到影像、時尚、美妝等各層面，2018年起還擴大至醫藥領域，成立線上藥局。從中累積的經驗也適用於企業管理，透過大數據的學習，變得更加聰明的人工智慧可以計算出各地區銷售額較高的生活必需品，並且進行先訂購後配送管理的最有效方法。

為了收集更多的數據資料，亞馬遜直接走近消費者。2014年亞馬遜開發了名為亞莉克薩（Alexa）的語音辨識人工智慧助理，並開始販售搭載該語音助理的亞馬遜智慧音箱（Amazon Echo），而顧客就這樣家家戶戶都裝置著將他們想要的物品轉換成數據的「數據採集機」，以透過亞馬遜智慧音箱獲得的資料提供個人化服務，不斷進化的亞莉克薩收到消費者便利性的認可，2018年占據了全球智慧型音箱市場的70%。如果亞馬遜持續收集更多客戶數據的話，亞莉克薩將會發展為更加智慧化的人工智慧語音助理，亞馬遜為此已聘用四千位人工智慧專家，並宣布今後將雇用更多的人工智慧人才，因為亞馬遜認為人工智慧是支配未來市場的最佳選擇。

亞馬遜是將數位平臺、大數據及人工智慧三者結合表現得最傑出的成功企業，也是受到手機智人最多選擇的企業。亞馬遜的成功哲學就是「顧客中心經營」，不，應該說根本就是「顧客執著經營」。這就是學習以數位平臺為基礎成功的企業，必須將黃金三組合時時刻刻銘記在心。熟悉建立數位平臺的技術固然重要，但數位平臺能否生存取決於客戶是否選擇，千萬不能有絲毫瞬間忘記「顧客為王」的理念。

愛迪達的「快速工廠（Speedfactory）」

從平臺企業形成的數位消費生態界來看，機器人、物聯網、智慧型工廠、無人機、3D列印機等數位新科技的發展方向已經相當明確。原先企業做企業資源規劃（Enterprise resource planning）也把公司的業務數位化了。然而隨著智慧型手機時代的到來，消費者也開始用電子產品進行交易。企業試圖將這些整合起來形成一個系統，建立全新的商業模式，這就是平臺企業的核心戰略。

此戰略取得成功後便遍及到各個領域。為了尋找出能夠收集更多顧客數據的產品銷售方式，還出現了「一鍵下單」按鈕（亞馬遜的物聯網裝置，按壓即可訂購商品）這些是裝置有物聯網及人工智慧的商品。無人商店「亞馬遜購」是物聯網系統的結晶，也改變了物流模式，亞馬遜物流中心未來將持續投入倉庫機器人「基瓦」的開發，也為了實現無人快遞將研發無人機及自駕快遞車。

製造業也該重新規畫事業藍圖。從消費、物流，到公司經營，都與電子數據結合了，製造業該如何改變呢？沒有零售商的介入，只接收消費者的訂單依序製造產品並配送，這就是新概念的工廠。這樣的新型工廠致力於投入精密機器人、3D列印機、物聯網及感應器的開發。

新科技就是有所需求才能發展。現在該放棄只擁有技術就會成功的想法，應該讓我們的想法及故事具體化。我握有的技術中究竟蘊含了什麼樣的故事？只要了解整個生態界就能知曉。

在擬定手機智人時代商業戰略時，首先要做的就是讓所有成員學習數位平臺商業的本質，有必要向大眾進行數位消費生態界藍圖的教育。當然從技術上來講，不論是軟體、雲端、數位平臺、大數據分析、人工智慧、物聯網、自駕車、3D列印機，還是智慧型工廠，都還有很多值得我們學習的東西。然而技術只是大環節裡的材料而已，沒有必要每個人都是專家。

不過，公司若要適應電子消費模式，前提是必須有所有成員都能認同的電商界的基本哲學、知識及共識，成員們需要一同學習「顧客為王」的哲學，這個老掉牙的標語仍是最高價值，市場中經驗豐富的「老鳥」也很重要。我們需要銘記的是，現在遇到的這個客戶不再是以往常識中的客戶，而是新人類「手機智人」，他們的文明不是常識，但我們應該利用數據進行閱讀和理解，如果想推翻舊市場、成功蛻變的話，所有成員都必須從手機智人時代的哲學下手。

產品細節

細微差異就是關鍵分岐

1917年藝術家馬塞爾・杜象（Marcel Duchamp）展出被稱作現代美術的起點，同時也是現代美術一大里程碑的作品《噴泉（Fountain）》，引起巨大轟動。一件有著「R. Mutt 1917」簽名字樣的陶瓷小便斗藝術作品，引發藝術大混亂。這究竟能算是藝術作品嗎？然而杜象認為：**「壓根完全不可能成為藝術品的髒馬桶，會依照我們看待事物的角度，絕對可以被視為藝術品。」**

這是被稱作現成物（ready-made）的現代美術新趨勢誕生，從此現代美術開始以全新的概念啟航。

細微體是粉絲文化的基礎

杜象的作品在藝術上具備多種解釋，其中之一即是杜象提到的細微體（inframince），《噴泉》這件作品所表現出的藝術意義就是如此，當我們把日用的骯髒小便斗拆下來再簽個名上去，並堅持說「這是藝術品」時，這地球上還有誰會想到「從這個角度來看，這也可以是藝術呢！」能夠擁有如此思維的當然只有人類，這就是人類的偉大。凡是能讓人感受到人類的偉大，任何東西都可以成為藝術。在杜象這麼說之前，它只是個現成物馬桶，但現在《噴泉》就是藝術品。肉眼看不見的差異，再添上細微體的加持，馬桶成了藝術巨作。

藝術巨作的意思便是如此，眼睛所捕捉不到的細微差異就是改變事物本質的決定性差異。杜象選擇與現有成品沒有任何區別的馬桶，添上細微體就蘊含著深奧意義，這個微妙的差異點其實也是造就粉絲文化的力量。優步與計程車沒有區別，同樣是乘車服務，從收費這一點來看，行業本質也一樣。然而符合手機智人的感性且添加了微妙差異的優步吸引了大量消費者。卡考銀行也是一樣，與韓國其他銀行在服務本身上並無差異，但以「可愛」這個微妙差異，在成立一年間就吸引了680萬名顧客。也就是說，想要在消費者為王的時代締造出讓手機智人為之瘋狂的粉絲文化，勢必要製造出細微體。

要想找出細微體就必須執著於細節。人類具有理性和感性，擁有無限潛力，一方面是非常大眾化，另一方面卻是非常個人化。正因為難預測才有如此魅力，這是消費者的特性，找出細微體相當困難，但即便如此，出發點終究是「人」。 為了找出消費者喜歡的東西而執著於細節，達成細節變異後會生成粉絲文化。隨著人類文明標準的變化，造就粉絲文化的細微體也變得越讓人摸不著頭緒，正因為如此，我們更要繼續培養、學習對新文明的關注，只有自然地熟悉新文明，才能擁有孕育細微體的力量。

細節造就出韓國神話

韓國是明顯以製造為中心的國家。2018年出口額超過6千億美元，這是世界上第7個突破此紀錄的國家。而考慮到幾乎所有的出口額都來自製造業，就可以看出韓國製造業是多麼強大，如此看來，韓國擁有這世上罕見的製造業歷史。

韓國走過日治時期解放後，好的工程師並不多。在經歷韓戰之後，連基礎都失去了，剩下的只有努力做好人及對教育的熱情。從1950年代中期開始人口暴增，他們就是現在大舉退休的嬰兒潮世代，他們是成就大韓民國現代文明製造業根基的主角，是值得尊敬的一代。從數據上來看更加明顯，在人類現代百年歷史中，沒有科學基礎，從身為日本的殖民地出發，到實現國民所得3萬美元的國家只有韓國，也是從收到聯合國兒童基金會（世界兒童救助基金）的援助後，到如今提供他國援助的唯一國家。許多國家原先是提供援助的一方，但在失敗後轉而接受援助。再看看曾在接受聯合國兒童基金會援助下準備飯桌，長大後如今能歸還食物的世界唯一世代，就是現今韓國的長輩們。

製造業更令人吃驚。在鋼鐵被稱作「產業之米」的時代，韓國不僅創造了世界第一的鋼鐵公司，而且還在需要堅強技術的造船業中也創下世界第一的紀錄。韓國現代集團會長鄭周永曾拿出印在舊版韓國紙鈔500韓元上的「龜船」，說服投資者說「我們是打造好船的民族」並得到了投資，這個小趣聞至今仍傳誦。一無所有的國家創造出世界第一的創舉，現在更是將成為世界第一視為理所當然的目標。現在韓國在身為手機智人時代核心的半導體、顯示器、智慧型手機市場裡占世界第一，這一切都是出生在國民收入100美元以下、最貧困國家的他們，懷著對學習的熱情，把富裕的世界留給孩子而創造的韓國製造業奇蹟。

但在韓國社會成長的過程中，確實產生了很多社會副作用。現在的韓國經過反省並克服了這些問題，建立起令世人羨慕的民主社會，事實不會說謊，正如一些政界人士所主張的，如果韓國的長輩都因不正當和腐敗而迂腐，企業們又只顧著貪婪地掠奪，還會有現在的韓國嗎？曾經走向歧路的國家，大部分都垮臺了。韓國從世界最貧窮的國家立足，到現在擁有先進文明與強大製造業，這是韓國老一輩用世界史無前例的努力和實力創造奇蹟的明證。然而令人惋惜的是，這個驚人壯舉在韓國卻因政治因素淪落為只有被貶低的分。

快速追隨者戰略

先暫且放下遺憾來思考一下如何利用這些長年積累下來的製造業細節。迄今韓國發展製造技術的戰略是當個「快速追隨者」。我認為能根據先進國家的不同而有不同的模式，能夠創造出比這個更好的戰略就會成功。沒有必要非得企畫、製作，接著又挑戰新的事物，因創造性挑戰大都流落失敗下場，因此我認為這種策略並非吻合我們所需。然而現在消費方式發生變化，消費市場的板塊被細分，以廣告獲得的消費收益大規模急劇減少。目前因影響力行銷的影響，致使消費的情形擴大，粉絲文化消費成為新的消費趨勢。因此，現在從商品企畫到流通，都進入了必須依據新消費體系進行改變的時代。

為了順應潮流，製造業先進國德國和日本正以工業4.0推進製造自動化及智慧化，智慧型工廠則是代表性的製造革新象徵。德國愛迪達在德國建立智慧型工廠「快速工廠」，以新概念打造鞋廠，並進入試生產階段，這個工廠依循手機智人時代消費概念，實現以隨選服務方式按需求生產的例子。

隨選服務是指利用手機等訊息通信裝置，在消費者需要的時候，針對性地提供相對應的經濟活動。現在，消費者只要在想聽音樂時隨時開啟串流媒體應用程式或油管即可；電影也是用手機觀看；需要衣服和鞋子時，只要在網路商城裡就可隨時購買。這一切都使用隨選服務的形式。

但因為數位平臺消費激增，製造業卻仍依賴於大量生產。鞋子要在販售前6個月製造出來，但一旦銷售成績不理想，剩餘的庫存也是一大問題。快速工廠是解決此生產問題的解決方案，在快速工廠裡機器人和3D列印機可以製作鞋子，消費者訂購之後便緊接著開始生產，5個小時內就可以製成，只需要年產50萬雙的工廠設備及員工10人，其餘業務均交給自動化生產線解決，沒有訂單就沒有生產，當然就沒有庫存問題。生產的商品透過快遞送到顧客手中，因訂購後24小時內即完成配送而得名「快速工廠」。一般而言，一雙鞋的價格的50%是零售商店的利潤（包含店租和人事工資）。但想到庫存費用，快速工廠的效率則更是驚人。愛迪達曾表示，10年內將僅限於設計師品牌（高級商品）以智慧型工廠的形式生產，當然目前3D列印技術還有許多不足之處，雖然目前仍有障礙待克服，但智慧工廠仍是相當有潛力的。

我們要學習根據消費方式改變製造方式，無論訂購量多寡，只要消費者訂購就生產，反之則不生產。消費者可以在各款設計中選擇自己喜歡的，製造系統則對應這些設計在24小時內提供商品，這就是核心。對於習慣隨選服務的人來說，這是效果最佳的製造方式。

韓國是建構這種體系中做得最好的國家。在製造過程中，生產環節最為複雜、需要最嚴謹精密的就是半導體，有機發光二極體顯示器也是類似情形，鋁製外殼製作的手機亦是如此。以世界最先進的技術構成一條龐大的生產線，完成最好的產品，這就是韓國製造業的細節，也是由負責生產的大企業及數百個代工企業共同打造的綜合藝術。韓國以如此實力，像鞋子一樣的製造消費商品是絕對有可能做到的。

問題是這是未曾嘗試過的領域，大規模使用隨選服務形式生產的話，既有的製造業當然會害怕。所以，需要更豐富的思維和規畫，必須準確理解消費方式，也需要相對應的製造系統的設計，與設計師和物流企業合作，也還需要對多元化製造技術抱持正確理解。這是需要眾多人聚在一起創造的綜合藝術，況且連能仿造的樣品都沒有，唯有從創意中添加生產技巧才能打造粉絲文化，這都是因為顧客的眼光已經提高許多的緣故。如果說產品的細節是生成粉絲文化的決定性因素，那麼我們肯定能做好。

建立快速工廠系統需要創意，與既有的仿製系統相比，新的挑戰仍有一定的困難，還得應用物聯網、機器人、3D列印機等我們還不熟悉的設備和軟體。但即便難關重重，相信韓國製造業是絕對可以達成的。

凱利電視的成功

油管生態界法則

為了使大數據分析即時反映至商業戰略中，首要任務就是解讀數據，讀懂客戶變化的力量。在這個環節裡應對客戶的經驗是最重要的資產，數據和經驗的連接能力只能通過訓練來培養，因此無論是企業還是個人都需要不斷進行解讀數據、了解客戶變化的訓練。現在亞馬遜、微軟天藍（Microsoft Azure）、谷歌等雲端服務都提供了多樣的數據分析功能。

在油管上刊登廣告

讓我們跟著數據分析一下韓國媒體消費的變化。2016年起雷寶（NAVER）的廣告收益持續增加，最終超越了3家電視廣告公司和3700家報紙文宣的廣告費，也就是說雷寶的影響力比報紙及電視來得強大。雷寶成為廣告趨勢之時，從2016年開始大眾使用油管的時間大幅增加。據調查指出2018年韓國民眾每日使用油管時間是雷寶的2倍，油管名副其實地成為韓國媒體消費的代表性平臺。

這些數據意味著什麼？如果企畫以消費者為對象打廣告的話，電視與報紙的廣告比重紛紛轉移到雷寶後，意味著從2018年開始油管的廣告將增加為雷寶的兩倍。韓國許多企業其實不太遵循這個模式，有鑑於廣告商與媒體間的微妙關係，廣告仍然在電視及報紙上刊登，但不管怎麼說，傳統媒體的廣告占比還是明顯減少了。現在電視及報紙問題已危及到企業身上，因此無力顧及其他地方。

事實上這種現象早已支配了美國市場。亞馬遜從2001年到2007年間中斷了電視廣告，這是觀察到電視廣告和收益的連結性不高而得出的結論。進行電視廣告銷售分析後，如果投資報酬率不滿意，就會減少廣告費用，這個理論也同時廣泛運用在谷歌、臉書、音斯特貴、油管等網路媒體廣告。

網路平臺廣告早已根據數據行動，很多大公司的廣告已經從傳統媒體大量轉戰至網路媒體平臺，而且還在持續轉移中。但是這裡出了問題，將電視廣告刊登至油管後，觀看的人並不多，廣告效果甚至還比電視廣告不理想，原因是因為業者沒有意識到媒體消費文明的變化。與熟悉電視和報紙的長者們相比，手機智人在媒體消費模式及廣告內容特性上都有很大的不同，所以繼續使用既有的方式製作的廣告不會產生多大效果，像以往這種強力宣傳讓消費者掏荷包買商品的廣告，現代手機智人並不怎麼吃這一套，這就是廣告不能提高銷售獲益的理由。

凱利電視成功的理由

需要以數據確認的不僅僅是數字，而是透過數字顯示的消費行為本身的變化。韓國大眾使用油管的時間暴增，是從眾多油管播主廣集的人氣開始；隨著油管持續發展，很多廣告商都湧向油管，油管也因收益的增加，現在已形成威脅傳統電視媒體廣告生態，從油管個人頻道成長的背景就可以看出媒體消費模式正快速向粉絲文化轉移。

例如韓國代表性成功的油管頻道凱利電視（Carrie TV）。原先以「凱利和玩具朋友們」開始的，觀察凱利電視成就的數據就能理解新文明的特點。2014年權元淑代表懷著要製作出能讓孩子們幸福的頻道理念，以千萬資金挑戰多頻道聯播網（Multi-Channel Network）事業。凱利電視創業第一年銷售額為17萬韓元，2016年銷售額突破30億韓元且訂閱人數超過100萬，2018年超過190萬，2019年突破200萬訂閱，同時也發展兒童影視產業進軍中國，不斷推進事業多元化。由於兒童影視領域本來就競爭激烈，誰也無法預測未來發展，但從凱利電視的成長故事及速度來看，可以觀察到媒體消費模式的急劇變化。

凱利電視從一個3坪的工作室起步，他們相信只要製作出孩子們喜歡的節目就能成功，便開始規畫節目。剛開始因為沒有資金營運，連打廣告錢都沒有，只能拍攝影片上傳到油管，即便難關重重，凱利電視是如何取得成功的呢？

首先分析一下200萬訂閱者。凱利電視頻道的目標對象是尚未就學的兒童，動機來自於韓國幼兒節目《波波波（POPOPO）》。從韓國人口來看，4至7歲未入學兒童最多有140萬名，那麼200萬這個數字代表著其中包括相當多的國外韓僑在內，幾乎所有的孩子都訂閱了凱利電視。

那麼讓孩子們收看凱利電視的動力是什麼呢？這個頻道其實不受父母推薦。影片內容大致上是玩玩具遊戲的樣子，而孩子看到影片裡的玩具總吵著要買，所以對父母來說，這是個不受歡迎的節目。沒有行銷也沒有父母勸導的話，傳播這個頻道的主人公只有一個，那就是孩子們本身，孩子們在幼稚園裡互相分享，才使得凱利電視有了口碑。

小朋友A：「你昨天有看凱利姐姐玩的玩具嗎？那個看起來真好玩！」

小朋友B：「凱利姐姐是誰？我們家電視沒有耶！」

小朋友A：「你不知道油管的凱利姐姐嗎？」

小朋友B：「嗯，我不知道耶！」

小朋友A：「你這樣以後怎麼在社會上生活啦！一定要給你看一下凱利姐姐才行！」

雖然有些可愛幽默，但不管怎樣，凱利電視透過這種方式訂閱人數突破了200萬。仔細想想，凱利電視前堆疊著許多障礙物，4至7歲的孩子們擁有手機的機率有多少？根本近乎於零，也就是說這些孩子搶著父母的手機看影片，而且還是這些小孩自行打開油管搜尋凱利電視。雖是孩子，但也絕不看無聊的影片。然而這是孩子自己的選擇，也正是粉絲文化的力量。粉絲文化足以決勝負，如果成功就會吸引更大群的粉絲，粉絲人數大增就能引來商機。所有決定權都掌握在粉絲手裡，即消費者手中。因此，在數位平臺上「消費者是擁有絕對權力的帝王」。

形成粉絲文化的條件

粉絲數量越多，能夠進行的商業行為就越多，所以油管播主全都致力於製作自己目標觀眾喜歡的影片。不管朋友說多有趣，只要消費者自己看得不滿意就不會消費，也就不會形成大型粉絲文化。但只要觀眾有了一次不錯的觀看經驗，就會被深深吸引，像這樣吸引消費者的力量稱作「殺手級內容」，所有成功的油管播主都擁有打造粉絲文化的殺手級內容。最終是否能在數位平臺上獲得成功都取決於殺手級內容，媒體界的這個特點不論是在服務業、製造業、金融業等所有領域都是成功的關鍵。

你喜歡觀看油管頻道影片嗎？如果沒有的話，可以試著從現在開始找找看你喜歡的影片，特別是訂閱者多的頻道，不妨仔細觀察為什麼能獲得高人氣。當然，這並不代表即使這類節目不符合你的喜好也非得喜歡。每個人喜歡的東西，只要按照自己的方式享受就可以了，就像是特別抽出一些時間學習一樣。無論哪個年齡層、愛好如何，也不論你如何看待這個文明，如果你希望未來繼續成為優秀人才，那就代表你一定要抽出時間學習新文明。新的消費文明已出現，如果我們不曾學習過它，就應該趁現在努力學習，唯有這樣才能提出符合新文明的點子，所以非得學習油管不可。

若要策畫一番新事業，媒體消費文明的變化是業者必須去傾心理解的領域，媒體消費模式的變化直接關係到營業和行銷，同時這也是能夠預測將來變化的商業趨勢指標，所以要經常分析數據、理解模式。況且不同市場還呈現出不同模式，因此才需要針對不同國家以不同的目標市場進行徹底的分析。再者，隨著數據的收集，分析數據的人才越多，企業更能有所創新突破。

一人創作者

從「數位魯蛇」變成孩子的「偶像」

韓國最傑出的創作者大圖書館（油管頻道：buzzbean11），本名羅棟鉉。他是韓國知名遊戲實況主播，從小喜歡遊戲。一有新遊戲上市的消息，他甚至會熬夜研究打遊戲，搶先最早升等到最高級，再把升等提升戰力的祕訣告訴同學，這是他學生時代的一大樂趣，課業肯定被拋在腦後。高三時因家境困難，他放棄上大學，為了生計打工，卻不肯放棄對遊戲的熱情。這樣的他這次進入了電影的世界，雖然是睡眠不足，觀看電影這點卻是不遑多讓，這些影像內容就此烙印在腦海中，其實只是純粹喜歡而已、只不過是感興趣而已，但這兩點卻是他未來改變人生的巨大財富。

對於只有高中畢業白手起家的他來說，機會並不多，偶然在一家網路公司得到打工的機會，這是他相當有自信的領域，大圖書館運用自己原有的知識，更認真地累積企業經驗，加班是家常便飯，業績提升之後，老闆便提攜他轉為正式員工，對於連大學畢業證書都沒有的他來說，這是非常破格的事。就這樣開始的職業生涯使他有所成長，接著跳槽到另一間公司伊豆絲（ETOOS），伊豆絲被「SK通訊」買下之後，他就突然升格為只有高中畢業的大企業職員，坐在誰都滿意的位置上。

然而大圖書館並沒有滿足於此，他可望開創自己的事業。大圖書館想出的方法即是成為個人創作者，投資連大學畢業證書都沒有的自己，然而資金並不多更是讓他想要證明自己的能力，就這樣開始的創作之路當然非常艱難。在盛行色情影片情節及充斥不雅字眼的影視初期創意市場中，他選擇了只透過影片內容取勝的「正道」。雖然挨了很多罵，還被批評賺不了錢，但大圖書館依然堅持下來。雖然可以透過煽情和粗俗的謾罵詞彙吸引觀眾，但最終會淪為物以類聚，而非生存長久之道。

就這樣堅持了8年，他踏實地走正道，被他影片內容所吸引的觀眾越來越多，現在大圖書館在油管頻道擁有180萬名訂閱者，成為了最佳網紅播主。大圖書館的年收入超過了17億韓元，2018年還上了電視節目、拍攝廣告等，成為真正的多頻道聯播網代表，他的夢想是成為像康納・歐布萊恩（Conan Christopher O'Brien）一樣的時事脫口秀節目的主持人，但絕非想加入傳統電視臺，而是想按照自己的方式透過油管實現。他能否在未來10年內讓夢想成真呢？即使油管圈裡競爭很激烈，但相信大圖書館成功的可能性還是相當大的。

像大圖書館一樣的創作者們在艾菲卡直播（AfreecaTV）、雷寶電視（NAVER TV）、油管等網站出現初期，往往因為激烈競爭衍生出很多副作用。煽情的、聳動的、刺耳的、無根據的影片盛行，搞怪行為的影片等占主流，大多數人認為個人創作者的影片存在很多問題，就因為這些不正常的內容，大眾普遍認為這是嚴重的青少年問題。

但消費者們並沒有想像中那麼愚昧，從眾多影片中挑選玉石，追求優良影片內容享受的觀眾越來越多，也得到傳統媒體無法持續成長的教訓。當然還有很多問題，但是在自主享受的文化空間裡，擁有如此程度的潔身自愛令人驚訝。站在應該控制一切的傳統媒體文明的立場來看，這是絕對無法理解的，但再看看創作者們成長的祕訣，就能了解這個時代媒體消費的特點。

隨著油管播主的相繼成長，韓國的父母開始擔憂起來，因為很多孩子表示不願意讀書學習，聲稱自己也想當創作者，據說創作者還被選為小學生最想成為的職業前五大。大人們擔心這種職業的出路不理想，但果真會這樣嗎？1980年代韓國的成功案例是僅高中畢業後便努力學習技術、創立製造業的中小企業老闆們。高中畢業生就白手起家的典型故事很多，他們在困難的環境中就讀夜間大學，進入公司工作就當上了大企業老闆，又或者通過考試成為高級公務人員，好好考試、努力讀書就是共同慣例。

但現在一個沉迷於遊戲、癡迷於電影度過學生時代的青年，進入了新白手起家的行列，大圖書館成為孩子的偶像，沒問題嗎？當然沒問題。其實大圖書館如今40幾歲，年收入10

億韓元以上的他根本就是大企業總經理級別，他沒有什麼會被裁員的問題，夢想及成長過程都是光明正大、不偏不倚的，做人也誠實，他專注於自己喜歡的事情，再用迷人的方式傳達給其他人，更可以不在背後捅別人一刀，一切只憑自己努力，就算哪天不當油管播主也可以引導後輩過著有意義的生活。既然這樣的職業是夢想，當然沒有必要擔心是不是身為大企業老闆、國會議員、律師。

數位文明已經開啟了新世界，誰也不知道長者們認可的正確社會會持續多久。這是一個不斷學習、改變和創造新文明、創造機會的時代，這才是創作者的真正意義。

狂熱於油管也是正當的文明，成功油管播主的條件絕非富二代、優秀學歷、出色外貌。成功的祕訣只有在強烈競爭下還能得到觀眾喜愛的影片內容，這其中也要包含對生活的真實性。有些以精緻包裝後再上傳影片的高人氣網紅播主，在現實生活裡反而出現雙重面貌，因而瞬間走下坡、失去觀眾喜愛的情況不少。可見在開放透明的社會裡，要成為大眾喜愛的油管播主是一條相當艱難的路，但因他們走紅的過程是公正、透明、公開的，消費者可能會越發陷入他們的魅力也不一定。

網紅與光棍節

中國先發制人

韓國最頂尖油管網紅主播年收入20億韓元（截至2017年）；美國最高人氣油管網紅主播的公開收入約為2200萬美元，還接了一些企業商品介紹、通告賺取其他的收入。當油管頻道走紅後，常會被置入企業的商品廣告，也會與電視臺合作製作影片，使得收入來源多元化。創作者發揮創意才能，透過多種管道擴大粉絲規模，實現收入多元化，培養商業，可說是多頻道聯播網事業的實踐。

驅動中國市場的網紅

美國的油管生態界已比韓國成長了20倍以上。知名瑞典籍油管網紅《屁弟派》頻道訂閱者於2018年達7100萬名，更於2019年突破一億名訂閱，成為全球第一位個人頻道破億名訂閱的油管網紅。他在《屁弟派》上開遊戲直播，現在成為了讓全世界青年為之瘋狂的創作者。更令人震驚的是，2018年美國最高收益的油管網紅居然是僅7歲的小男孩萊恩（Ryan），他的節目吸引了全世界1700萬名兒童，光是2018年一年廣告收入就超過了2100萬美元。以如此神速的速度成長的話，相信萊恩直播觀看次數超過一億的日子似乎也不遠了。類似這樣自發性參與的粉絲們，他們的消費正以驚人的速度提升，而我們生活在可以用數據確認發展情況的時代。

個人創作者消費文明位居前線的國家竟然有中國，事實上中國早已是電子消費大國。從2017年資料來看，線上交易金額為美國的10倍，占全世界線上交易金額的40%。韓國或美國的油管播主常透過個人頻道提高廣告收入，或者以頻道影響力間接提高收入，然而中國則乾脆將媒體與大眾消費連接起來，落實商業化，以有影響者為核心，打造出創意性流通網並培養成新的商業模式，那就是網紅。

網路紅人簡稱「網紅」，這些人也常被稱為個人創作者、油管播主，或是網路明星。2017年廣大中國網紅總收益高達950億元人民幣。網紅也是粉絲文化消費的象徵，他們也會透過個人影片試用商品並當場販售。阿里巴巴為他們在淘寶商城裡特別精心建立了一個網站，為了讓粉絲在觀看影片時，看到想買的東西就隨手拍攝畫面進行購買而建立了這樣的系統，輕鬆連結了媒體消費與商品消費。

網紅的影響力持續快速增長，知名中國網紅張大奕在2016年個人收入就高達3億元人民幣。消費者個個透過觀看自己喜歡的網紅影片而購買他們使用或推薦的商品。

這種新消費模式正威脅到既有的流通網，原先商業模式主要是透過廣告在介紹商品，在電視裡播放介紹商品的廣告讓知道商品的人前去商店購買。這個安穩的運作系統在過去50年間持續穩定發展，透過電視媒體生成的電視購物也是其中一個例子。

然而，與這個不可侵犯的絕對權力「電視媒體」無關，只是「網紅」的粉絲們與網路連接的新消費方式一舉成為最大競爭者。在電視媒體為主流的時期，如果沒有投資巨資廣告，幾乎不可能使商品流行。所以當時擁有龐大資本及基礎設備的大企業可以擁有絕對權力，新生企業挑戰市場的機會並不多。然而現在新的可能性已經出現了，網紅通常起初在沒有資本下，開始拍影片，靠粉絲成長過生活。粉絲大規模擴張後，自己選擇商品接業配帶動粉絲消費，銷售帶來的利潤再與廠商分，相對廠商在廣告、行銷、零售等複雜銷售環節中產生的費用減少，利潤增加。觀看網紅的影片並掏錢購物的消費者，把這種新文明當成娛樂活動來享受，消費得更加熱絡。

為什麼韓國沒有光棍節？

粉絲文化消費也能發展成年度盛事。想出將美國黑色星期五優惠活動適用於網路商城，就是阿里巴巴創辦人馬雲的點子，從2009年11月11日開始利用「光棍節」這個名義舉辦各種促銷活動。11月11日，這天有4個「1」，就像是單身貴族專屬的節日一般，這個節日的意旨在於贈與他們禮物，各個店家開出高達2折以上的折扣，逐漸吸引眾多人潮。起初光棍節第一年的銷售成績還不到6千萬元人民幣，2017年達到1700億元人民幣，2018年為2135億元人民幣。現今經濟不景氣的時代，年平均成長率能維持在30%真的很不容易。這一天，消費者全聚集在一起，一邊盯著電子螢幕上的銷售金額一邊沉浸於購物中。

光棍節大獲成功後，敵對公司中國的京東商城也發起類似促銷活動，2017年11月1日至11日實施的「雙十一」促銷活動期間，銷售額高達約1300億元人民幣，創歷史新高。新的消費模式不只局限於中國國內，起源於美國的黑色星期五來到了中國成為光棍節，而亞馬遜仿效光棍節，推出亞馬遜超級會員日（Amazon Prime Day）再次登陸美國大陸，亞馬遜超級會員日從2013年開始，2018年銷售額達36億美元，超級會員日消費熱潮正襲捲美國。

這個光棍節引起的消費文明現在也在韓國開始刮起新旋風，為了在光棍節這個日子裡爭奪顧客，韓國各家零售公司也在11月11日開始舉行大規模折扣活動。韓國電商平臺11街（11Street）將11月11日稱作「11節」，展開類似光棍節的折扣活動，創造了日銷售額突破1000億韓元的驚人紀錄。吉市（G-market）、庫邦（Coupang）等零售公司也以11月為活動期間，舉行3折至4折的優惠折扣活動，新世界、樂天等百貨公司當然也不甘落後，提供顧客的優惠折扣絕不手軟。「11月打折季」完美參與了這個時代的新消費文明。

美國的黑色星期五、中國的光棍節早已不再只是該國國內的消費行為，而是所有手持智慧型手機的人共同享受、參與的活動慶典。光是在美中國內舉行特惠活動時就有大量代購問題發生，因此韓國零售企業不得不擬定對策。現在全世界的消費者將這個大型特賣活動昇華為一個慶典，甚至消費者自己也成為粉絲。數位平臺之所以成功的最重要商業因素，並非靠廣告來刺激消費，而是靠粉絲來帶動消費，而這股消費勢力的中心就是中國市場，這是格外深長的意義。

韓國政府也企畫了新的優惠活動並鼓勵韓國零售業參與，名為「韓國購物季（Korea Sale FESTA）」於2016年由韓國文化體育觀光部等政府機關主導，心懷野心策畫的該活動最終以慘敗告終，2018年雖然也投入大筆預算舉辦活動，但在顧客參與度與收益方面都沒能達到預期。這些活動的策畫正是電子商務企畫哲學缺失的體現。手機智人市場是粉絲文化主導的，只有顧客才是王。在權利的介入下，政府強迫企業參與舉辦促銷活動，然而這種由政府發起活動，進而取得政績的手法，客戶自然不會買單。

消費管道大多以實體店面為主，這是原本「智人」的消費習慣，與年終特賣活動、每季都進行的百貨公司優惠沒有多大區別，給的折扣也很不乾脆，聰明的客戶反應當然很冷淡，想與阿里巴巴、亞馬遜的優惠活動相比，根本讓人無語。此活動在網路上無法形成粉絲群，手機智人們也漠不關心，熟悉傳統消費模式的顧客也認為這不過只是政府活動。在整個活動項目的規畫中，找不到客戶中心，而只有權力中心的意圖濃厚。如同成功有成功明確的理由，失敗當然也有失敗明確的理由。韓國政府誤以為只要靠自己的力量，都可以政治權力挽回任何市場，創造新的商業。然而過去都不可能，現在更是不可能。如果不能得到顧客的選擇，就等於處在沒落的時代，這是一個如果沒有培養粉絲，即使大量使廣告暴露，消費者也不會有反應的時代，我們正生活在這個必須以消費者為中心思考的時代。請大家務必思考一下，你所就職的公司活動企畫案是真正以客戶為中心制定的嗎？自己大腦認為真正的王者又是誰？

粉絲文化消費

巴黎萊雅買的是手機智人的狂熱

對一般企業來說，網紅及光棍節培育出的粉絲文化消費並不是熟悉的銷售方式。幾乎所有企業長期以來致力於開拓中國市場並利用既有的流通網銷售商品，或者直接搭起商品流通網擴大業務，連接這種銷售模式的系統也非常堅固。開發新商品的公司，每年定期參加舉辦專業商品展覽，向買家推介商品，各國的買家在此看到自己喜歡的商品後簽約，再透過各國內部的流通網開始販售，大多數製造業都是以這種方式進入國際市場。2010年之前，中國的商品流通也都只以這樣的系統營運，擁有比中國先進商品流通技術的韓國企業，在中國市場取得成功應該是天經地義的。易買得（E-Mart）、樂天超市（LOTTE MART）、衣戀精品禮服等韓國企業在中國市場取得成功後，我們對韓國企業的期待感也隨之提高。

以粉絲消費攻占市場

然而隨著中國迅速向數位消費文明轉移，原有的商品流通體系正面臨巨大危機，電商消費在擴大的同時，線下交易正在減少，不僅如此，消費模式也開始起了變化，網紅和網民也加入戰局。曾進軍線下交易的韓國企業雖然遇到瓶頸，但開始適應以網紅和光棍節為代表的粉絲消費文明企業們獲得了新的成長動力。

確保中國消費者為主要粉絲而獲得成功的代表性新生代企業「風格南達（Stylenanda）」，是2004年22歲的金素熙在網路市場開始經營的網路時尚商城。她專注於線上銷售，使用重視風格及媒體的戰略。品牌宗旨是「我們賣的不是商品，而是風格。」她創造的風格南達在網路上人氣破表，很快就聚集了龐大的粉絲群，此風格透過媒體直接傳入中國，獲得高人氣。2008年推出化妝品牌「3CE」，同時也融合了時尚及化妝品的獨特風格，不愧是新生代電子商務企業。「3CE」透過網紅和光棍節進軍中國市場，2017年銷售額突破1600億韓元，引起轟動的風格南達在2018年以6000億韓元被全球知名化妝品牌企業萊雅集團（L'Oréal）收購，又再次衝擊了市場。現在出售公司後擔任風格南達總監的金素熙，是準確具備著電商企業應追求戰略架式的執行長。

但是這裡有個疑問，國際品牌企業巴黎萊雅為什麼要支付6000億韓元巨資給風格南達呢？雖然獲利超過一千億韓元，但以常理來看，風格南達只不過是個不知道何時會消失的東大門品牌而已。2017年銷售額高達34兆韓元的世界頂級化妝品牌巴黎萊雅，在中國也是數一數二的，為什麼偏要花6000億韓元收購風格南達「3CE」，這點讓人好奇。

我想理由清晰可見，就是因為粉絲文化。巴黎萊雅透過數據，肯定風格南達的獨特風格銷售策略的確具備吸引顧客的力量。風格南達不以短期推銷商品的方式行銷，而是每季都會訂定新的主題包裝，穿上屬於自己的色彩，走出獨特風格。風格南達將自己的特色分享至網路媒體，讓人看了第一眼就想要模仿，尤其眾多具影響者狂熱於這種風格，便培養出更多粉絲。

萊雅集團高度評價風格南達的粉絲文化價值。事實上，網路銷售策略任誰都可以模仿，然而能夠吸引粉絲群的獨特風格卻是無法輕易模仿。風格南達確立的線上銷售戰略，已在韓國和中國市場證明了成功的可能性，萊雅集團確信，如果將風格南達傳遍全球市場，它的價值會更進一步提高，所以支付了巨額收購風格南達。在這個時代裡企業的價值是打造粉絲文化的關鍵力量，這也可以從數據獲得確認，風格南達是展現小企業打造高企業價值的最佳例子。

大企業也爭先恐後地利用網紅和光棍節來轉換針對中國市場的策略，中國的線上購物比重從2012年的10.2％增長到2017年的23.3％，整個消費平臺正在急遽變化，網紅和光棍節的威力也一併成長。韓國企業藉著韓流在中國的超高人氣，在光棍節上取得相當高的成績。從2018年各國商品收益來看，韓國是繼日本、美國之後排名第三。以「AHC」面膜出名的珂泊亞（Carver Korea）得益於一直以來對中國粉絲的持續管理，在品牌總收益中位居第7，在化妝品品牌中更是破天荒地榮登第一名寶座。珂泊亞公司以「AHC」面膜，再透過網紅和光棍節，在中國大受歡迎，觀望珂泊亞成長趨勢的全球企業聯合利華（Unilever）在2017年以約3兆韓元的價格收購60％的珂泊亞股份，震驚化妝品界。這又是一個企業擁有能夠激起粉絲文化的殺手鐧，且公司內部具備穩固線上售戰略的企業價值擴張的證明。為了進軍中國市場，韓國化妝品界的網紅行銷和光棍節商品企畫已經成為常識。如今在全球知名大品牌獨占市場的化妝品產業中，新生代品牌也迎來充分成功的機會。

近期原先只專注線下交易的大企業也見識到網紅和光棍節的重要性，並改變行銷戰略。樂金（LG）生活健康於2018年光棍節銷售額相較過去增長50％以上，對電商平臺的適應力正逐步提高。韓國愛敬集團（Aekyung）從2015年起推出只透過網紅行銷的旗下品牌「富露（FFLOW）」，並擬定線上銷售戰略，2017年富露銷售額超過一千億韓元，富露因而成為孝子品牌為母公司獲益。2018年愛敬集團在代表理事的指揮下，對化妝品產業全面展開更加有力的網紅行銷策略，結果第3季銷售成績相較前年增長了66個百分點，營業利潤成長了71個百分點，搖身變為化妝品公司而非單單只是生活用品公司。愛敬集團在新市場中表現突出，找到了企業的全新成長動力。

在粉絲文化中失敗的正官庄

當然並非所有企業都能在網紅行銷和光棍節上取得成功。如果沒有商品賣點就不會形成粉絲群，也很難擴大販售。所以對市場特點的研究是不可或缺，必須徹底分析可能成為競爭商品中大受歡迎的商品特性、顧客在網路上的評價等，而最重要的就是產品故事。愛敬集團將目光置於影響者在媒體中的影響力較大這點，投注於能即時確認使用效果的商品，將焦點放在籌備、企畫使用前後有明顯差異的商品，正確理解粉絲消費文明的形成，以因應情況準備好自己的祕密武器。

也有些企業因網紅行銷而沒有嚐到太多甜頭，正官庄就是個例子。正官庄以韓國電視劇的高人氣為媒介培養粉絲群，想將粉絲與銷售連接起來。但遺憾的是，正官庄的產品無法即時表現出服用前、服用後的差異。紅蔘有益養身是年長者熟知的事實，但對年輕一代來說，紅蔘並沒有具備特別的故事，也就沒了賣點。正官庄透過植入廣告於電視劇獲得的人氣，也隨著電視劇的播畢迅速消失，正是因為沒有能維持人氣的祕密武器。韓國電視劇置入性行銷產品依然是提高商品辨識度的傑出行銷戰略，但是正官庄的例子明確地告訴我們，如果沒能維持人氣的品牌故事或是商品賣點，人氣就無法長期維持。

企業長期利用廣告提高商品知名度進而讓顧客消費的策略。然而現在銷售商品並不會停留在販售這一關，當體驗過該商品的顧客成為粉絲的瞬間，產品行銷的效果就會大大提升，所以行銷手法必須更進一步。廣告不是終點，而是粉絲群的形成。行銷、廣告、商品企畫、銷售，現在要像一個組織一樣一起行動。不管怎麼說，現在就是企業需要革新的時代。

與其他國家相比，想要攻下中國市場及東南亞市場就必須更加關注電商平臺市場。當然，既有的線下交易網仍然很重要，但線下交易市場的收益明顯持續減少；相反地，以粉絲為媒介的新商品流通網正在不停增大。如今線下交易流通的方式也和以往有很大的不同，即使是在實體店面銷售，欲使商品流行、提高知名度的工具不再是電視廣告，而是社群網站。這種消費文明的變化，如果沒有勤奮學習就絕對不能掌控。凡是販售消費財的企業都得重組企業組織，並且收集數據制定因應電商消費的銷售戰略，其中最重要的就是長期增加粉絲群的策略。

這個問題取決於執行長的意志。事實上，對於以線下交易為核心、長期從事商業活動的企業來說，這是一件相當困難的事情，必須放棄部分一直以來的營運方式，建立新的組織應對，既需要投資也需要新人才，整個組織也須全面改編重組。有很多事得處裡，當然也參雜著畏懼。實際上，比起那些轉型成功的企業，失敗的企業更多。所有領域都相繼轉型這點是否正確，讓企業家傷透腦筋。

這個時候首先必須盡可能多收集有關消費變化的數據。收集一定數據之後，嘗試轉型所需時間才會逐漸明瞭。經營戰略要以消費者數據為中心去策畫，唯有這樣，社會的所有成員才能產生共鳴並作好充分準備。畢竟，對不是一開始就從網路起家的企業來說，讓企業彼此間都能達成協議的充分依據就很重要，而且戰略一定得比競爭企業搶先一步準備。

比什麼都重要的即是打造粉絲群的祕密武器，雖然商業模式完全可以透過複製或模仿來應用，但使客戶感動及傳播商品的力量只掌握在商品賣點上。對我們來說，掌控市場固然不難，但毫無疑問地這需要大量的準備和學習。

忠實顧客

一億一千萬名的黃金會員

現今地球上以最可怕速度成長的企業就是亞馬遜，也是準備革新企業最應該認真效仿的企業。1995年以網路書店起家看起來相較平凡的亞馬遜，現在已成為世界數一數二的數位流通企業，2013年超越電子海灣（eBay）成為美國國內最頂尖的線上交易企業，2018年9月4日市值突破一兆美元，繼蘋果之後躍居世界排名第二，2019年終於成為排名世界第一的大企業。

事實上，亞馬遜可以說是唯一一家線上交易規模超過線下交易的企業。阿里巴巴固然了不起，但也是得益於中國政府對自家企業的保護主義。亞馬遜的市價總值超越世界第一零售業沃爾瑪2.5倍以上，這是在其他國家很難找到的成功案例。在韓國，線上交易企業仍還遠不及線下交易企業。

手機智人為之瘋狂

亞馬遜成功的祕訣究竟是什麼呢？與其他線上交易企業最大的不同點當然是粉絲文化。壯大亞馬遜的最大祕密武器就是「亞馬遜超級會員」，高達一億一千萬名的忠實顧客每年支付119美元的會費，享受在亞馬遜購物的樂趣。只要一搜尋，為了在新商品及最低價格商品資訊爆炸的網路購物商城更方便購物，就提前支付119美元，足見會員服務非常了不起。

亞馬遜以每年119美元的會費為固定收益為基礎，使其能夠推廣精密的最低價策略，在創下超高銷售業績的同時，維持約1%的營業利潤率，實現了競爭公司無法追上的最低價格戰略。對於希望在網路上輕鬆購買實惠價格商品的手機智人來說，會員制度無疑是他們最佳的合作伙伴。亞馬遜超級會員們的好評透過社群網站快速傳播，粉絲群便以更加穩固的形式擴散。就像防彈少年團透過油管成為世界頂級歌手一樣，亞馬遜也透過超級會員的粉絲文化，躍身為世界頂級電商企業。

讓我們透過觀察亞馬遜打造粉絲群的過程，來了解一下這個時代裡手機智人消費者狂熱於什麼。亞馬遜從初期開始就對顧客於平臺上留下的所有痕跡感興趣，透過分析客戶點擊的資料，不停揣摩客戶追求什麼類型，然後將此程序化，集中開發顧客個人化服務。亞馬遜的創始人貝佐斯從當初就被稱作「顧客偏執症患者」，以只站在顧客立場思考而聞名。直到現在，貝佐斯開口閉口仍說「亞馬遜的成功歸功於消費者」，這讓人聯想起防彈少年團團員所說的「我們有今天都是多虧了阿米」。

貝佐斯專注的大數據分析其實就是讀懂客戶的心思。隨著數據的累積和數位科技的發展，他的哲學得以進化為實質性的系統。顧客進入平臺點擊幾次後，就能得知這位顧客原來在找的東西為何，程式判斷後便推薦該商品給顧客。剛開始對程式的滿意度雖低，但隨著程式的開發，粉絲文化逐漸加強，尤其是人工智慧的出現，成了提高顧客滿意度的一大推手，更多的粉絲得以享受更好的服務，又不會增加額外的人事費用。

讓人更吃驚的是，亞馬遜為了對累積的客戶數據進行分析管理，專門成立了一個數位平臺，開拓雲端服務這塊新領域。事實上，亞馬遜網路服務是亞馬遜銷售利潤最高的業務領域。亞馬遜能夠在先前預測到此商業模式幾乎會被所有企業所利用，擁有這慧眼也是令人相當驚訝。其實在消費者成為亞馬遜的狂粉之前，很多企業都搶先成為亞馬遜的粉絲，利用亞馬遜的雲端服務。比起將雲端服務視為搖錢樹，亞馬遜更認為這是一個可以更加舒適地專注於建構客戶服務的平臺。

無人機快遞的預告

亞馬遜寫下的另一個故事則是無人化技術。亞馬遜在2013年發明無人機快遞，甚至還取了「超級空運（Prime Air）」的漂亮名字。當然我們都知道這在實行之前還有巨大的難關得克服，但亞馬遜先搶了頭香奪得賣點，然後便能向所有人暗示無人機快遞將由亞馬遜帶頭引領。亞馬遜無人機快遞於2016年12月首次試運行成功，2017年在美國國內獲得示範事業許可後，亞馬遜無人機快遞的商用化將得到推進。雖然難題還很多，但是亞馬遜搶先草擬了故事情節。

人工智慧個人化服務和無人化的流通戰略，開發這一切科技的一貫故事是「以數位科技為基礎，以最低價格提供最優質的服務」。不論客戶追求什麼樣的服務，只要是了解數位文明的顧客就盡情享受吧！手機智人們才會狂熱於成為亞馬遜超級會員。亞馬遜還未進軍韓國市場，所以也很少向一般消費者打廣告。儘管如此，幾乎沒有韓國國民不知道亞馬遜，光是亞馬遜的故事就抓住了所有人。

這就是亞馬遜的力量，包含著顧客自己想要分享的故事，製作成媒體，再透過社群網站擴散。體驗過一次這種經驗的顧客就會想要成為亞馬遜超級會員的同時，亞馬遜則是提供具有魅力的商品賣點資訊。這生意可真不容易，但亞馬遜做得很好，所以才說是所有企業都得看齊的手機智人時代的代表企業。

殺手級內容

數據化身為神

組織的基因必須以消費者為中心進行轉換的理由是，生成粉絲群的殺手級內容與廣告消費相比，身為手機智人的消費者更喜歡自發性的粉絲消費，因此在電商平臺上能否成功，將會由粉絲來決定。不斷學習消費者大數據的原因也是為了分析消費者的需求，尋找成功因素，打造殺手級內容。其實並非每個人都能在認真分析大數據之後就能創造殺手級內容，開發出培養粉絲群的殺手級內容並不容易。然而可以肯定的是，與消費者越是達成共識，製成殺手級內容的機率就越高。另外，借鑑於已經成功企業的戰略，成功的機率會更高，所以在數位文明中模仿複製早已是常識。

人心是無法複製的

騰訊的創始人馬化騰索性要求所有員工必須複製，但即使是模仿，也要模仿出特色。「看貓畫虎」是騰訊公司的社訓。

但果真能實行嗎？在技術、功能方面模仿也許不錯，但為顧客著想的心是無法用言語表達的，打造殺手級內容的細節就出在這裡。貝佐斯說：「你把上帝帶來，上帝會相信我。如果你無法帶上帝過來，就拿數據來！」

數據意旨客戶的心，這是想要讀懂顧客心意的他所執著的信號。亞馬遜的成功也是因為了解顧客的心並努力追求他們想要的東西而得來的結果。據說亞馬遜在評價員工時使用的關鍵績效指標，其項目中80%的內容都與顧客有關，由此可看出公司正打造一種組織文化，好讓顧客更加集中。如果是亞馬遜的顧客，當然就是手機智人，所以他們在關注數位文明且學習相關數據方面付出努力，是理所當然的。

在電商消費文明的世界裡到處佇立著值得效仿的企業，首先須讀懂這些成功企業背後的祕訣，再開始編織屬於自己的故事。這是一個重要的學習過程，絕不能馬虎看待，特別是要徹底了解成功企業如何應對顧客並抓住消費者的心，不僅是模仿形式，還須抓住形式中所包含的消費者的心思，以及在形式上發生的顧客反應、企業的應對方式。唯有更加投入於以上幾個要點，才能打造出真正的粉絲群。

每個人對電商消費文明的理解程度都不一樣，從小開始就喜歡這個文明的人，本能上理解度自然就高，所以才必須愛惜年輕一輩的新員工，選才時也是如此。韓國人選才時往往優先考慮專業證照，一向很喜歡畢業於好大學、英語成績優異、有國外語言進修經驗、志工服務也很活躍等這般人才，那麼對電商消費文明的理解度又該如何評價呢？

殺手級內容是藝術的結晶

許多電商平臺企業已不再透過資歷或考試成績來挑選人才，而是透過與社會組織成員的深層採訪來選拔人才。以蘋果和谷歌為例，約進行6至10次的採訪，於3個月期間內進行面試是最基本的，新職員就是這樣，而在選拔經理級人員時就會進行更多的採訪。這是一個優秀人才能夠創造輝煌業績的時代，這就是我們模擬出選拔特殊優異人才方式的結果。被選擇的人才當然是熟悉數位文明的人，這些人從小喜歡觀看油管、能夠辨識出擁有殺手級內容的油管播主、懂得活用音斯特貴或臉書體驗過可能性的人、熟知流行遊戲特性的消費者，如果再加上具備軟體企畫或開發能力的人，就更不用說了。如果擁有在電商平臺商業上掀起旋風的人工智慧軟體開發經驗，簡直就是錦上添花，這種人才無論如何都會被挖角。各家公司須深刻反省這種人才自家公司找了多少？公司為了這種活躍的優異人才，又能夠提供何種程度的無微不至細心照顧？

因為需具備出色的感官知覺能力，所以能夠打造殺手級內容的人並不多。從形成殺手級內容文化的過程來看，也像是藝術的結晶與綜合藝術相似，被稱作這個時代最偉大革命家的賈伯斯就是最具代表性的例子。從現在文明變化角度來看，一個人改變了人類文明的巨大革命算是一種過分不當的表現。賈伯斯也有一段時間被蘋果趕下臺，過著隨處遊蕩的生活，也就是說在組織文化中很難容忍有些許特別的人。因此，組織文化本身必須有所改進，才能讓這些人才被容忍，不，公司更是要呵護這些人才，讓他們積極主動為公司提供服務、快樂工作。

請各企業從公司選拔人才階段開始大膽採用新文明的標準吧！企業組織內部的晉升系統也應該如實反映新文明。許多資訊科技風險投資企業鼓勵員工進行社群網站活動，並將這些信號反映到關鍵績效指標上，這是非常值得肯定的現象，也是世界7大電商平臺企業正在努力的事情。原先持有古板僵硬晉升系統的大企業也應該接受變化，必須從改變組織的最強工具開始革新精神層面。公司代表理事及管理階層人員也須不斷學習市場變化，所有重大決策都要參考客戶數據來決定，也須使用最新的資料確認。在市場革命的時代，最重要的是依據變化速度達成組織創新，目標就是打造與顧客共鳴的能力，而共鳴能力正是創造殺手級內容的基本素養。

中國的促進力

依據指令動員的15億人口

中、美在電商消費文明方面算是要一較高下的電商先進大國。但韓國並不想看好中國，長期以來韓國以美國及日本為仿效對象，吸取他們先進的技術，所以中國應該比韓國再來得低一截才對，如果單指討論技術層面的話，這個說法並沒有錯。然而論消費文明的話，情況就不一樣了；雖然是從美國複製一套電商消費模式，但中國卻以驚人的推行力、比美國更迅速地打造電商市場生態系，如今要學習消費文明變化方向得向中國看齊了。

效法中國刻不容緩

中國從21世紀初開始就有戰略地為電商消費文明打基礎，再於2012年正式發射信號彈，優步中國（Uber China）就像是個震撼彈。2012年中國正式將優步合法化，除了優步中國之外，還有「滴滴出行」及「快的打車」同步推出，形成競爭市場格局。這是個令人吃驚的決定，因為在優步已普及的城市裡如果開始提供類似優步的服務，傳統計程車產業勢必會沒落，韓國基於這個原因至今仍不敢將優步合法上路，中國人民震驚於優步合法化的閃電實施。讓我們來問問中國學生怎麼看。

「中國的計程車公司還行嗎？優步上路了真的不要緊嗎？」

「教授，我們是共產社會，政策不是可以協議的，政策是黨的命令。」中國學生笑著回答。

這樣的回答一方面是讓人驚訝，另一方面也讓人毛骨悚然。2012年中國共產黨向15億中國消費者們下達了這樣的指令：「從今天開始計程車得用手機叫車，費用也要用手機結帳。」這就是中國政府向全體中國國民傳達將手機智人文明作為依據的信號，自此以後的變化可說是勢如破竹。原先被我們嫌不方便而不怎麼使用的行動條碼，中國15億人口卻是一窩蜂地搶著用，不論是計程車、便利商店、餐廳、百貨公司等，只要是購物交易時大家都會用智慧型手機支付。各城市公車客運售票處都只能用微信支付或支付寶支付才能取票，幾乎很難以現金購票，所有自動販賣機根本就沒有現金結算功能，只能用智慧型手機交易。

現在15億中國人口使用的數千億筆數據，每天都在累積中，阿里巴巴、騰訊、百度等企業都把這些數據收集起來持續創新，正穩定建構電商消費文明平臺。多虧15億消費者的福，銷售成績漲幅也很大，在過去6年裡中國表現出的電商消費擴散的速度簡直快到令人窒息。據說某次韓國總統造訪某中國小餐館想用現金支付約4000韓元的費用，但店家卻說只能用手機支付，令我備受衝擊。手機支付比現金更符合現今標準，甚至有上海遊民乞丐的脖子上都掛著印有行動條碼的標識，現在幾乎無人攜帶現金，大家都只用手機掃描行動條碼收錢，連乞丐都使用二維條碼；將行動條碼實際應用於生活各層面的國家就是現在的中國，而且已經這樣生活6年之多。

革新是必然的。在此期間進軍中國的韓國企業及先進國家的企業們迅速沒落。易買得、樂天超市相繼撤出中國市場，曾以路邊攤起家而自豪的衣戀集團也將退出，日本企業及歐洲企業也幾乎全如消了氣的氣球無力地從零售業撤離，對電商消費文明缺乏理解的企業幾乎全軍覆沒。當然，共產政府保護中國企業起了很大的作用，但即使是在市場開放及市場競爭都被保障的狀況下，也依然有可能得不到消費者的青睞。

主角是外星人也要追

以既有一般常識接觸中國市場的企業，根本無法與秉持數據及電商平臺的企業競爭，因為中國的消費文明早已繞著手機智人們轉，而且這種現象日益劇烈。以2017年來說，中國的電商交易收益占全世界線上交易收益的40%，金額也是美國線上交易收益總額的10倍，此數據顯現出中國共產黨力推電商消費經濟轉型的強大力道。典型的中國電商消費活動的光棍節，繼2017年銷售額達1700億人民幣之後，2018年的銷售額更是高達2135億人民幣，收益漲幅高達27%，使原先推估因中美貿易戰導致消費縮減的預測黯然失色。

這種變化在媒體消費模式中早就有被預料到。2013年超高人氣的韓劇《來自星星的你》因中國政府的壓力而被禁止在中國播放，理由竟然是「主角是外星人」，由此可看出中國政府是多麼不願意接受韓國文化的散播。無奈之下則轉在網路百度電視雲的愛奇藝網路電視平臺播放了21集電視劇，足足有37億觀眾收看，震驚全電視業。之後中國政府中斷韓國電視劇的即時上映，此造成的影響非常嚴重。2015年熱播的《太陽的後裔》作為中韓合作的電視劇獲得播出許可，果不其然地不在傳統電視頻道播放，而是透過愛奇藝播出，當時創下了45億觀眾收看16集電視劇的新紀錄，報導指出這45億人中有80%的人不是用電腦而是用手機觀看，這些數據讓我們深切感受到中國媒體消費習性的急劇轉變。

如果說利用手機支付及用手機觀看電視節目是現在的文明主流，那麼消費核心最終也會趨向智慧型手機文明，理當正常現象。以下是2018年彭博（Bloomberg）報導，指出中國人最喜歡的前十大企業品牌，讓我們可以再次見識到手機文明的移動變化及時間。

1. 支付寶

2. 安卓（美國）

3. 微信

4. 華為

5. 微軟（美國）

6. 淘寶

7 英特爾（美國）

8. 美團點評

9. 騰訊即時聊天工具

10. 天貓

在以上10家企業中，美國企業包括安卓、微軟和英特爾，它們都屬於資訊科技產業，其他都是中國企業，這些中國企業都是與智慧型手機或社群網站有關的企業及服務品牌。最讓人錯愕的是「美團點評」送餐服務應用程式，對韓國人來說，就像是中國版的韓國餐點外送服務軟體「外送的民族」。透過電視廣告塑成的品牌硬生生被擠出市場，取而代之的是電商消費文明平臺，到2017年為止一直位居第5名的蘋果也退居第11位，曾排名第4名的宜家家居（IKEA）則下滑到第37名，曾為第6的耐吉（Nike）下滑至第44名，曾排第8名的寶馬（BMW）也下滑至第46名。這是一個以驚人速度變化中的中國消費文明趨勢。

步入「無現金」市場

中國的消費文明確實是仿效美國形成的，但是中國的速度及應用能力比美國更快、更大膽，中國政府採取比美國更開放的政策，引領新企業誕生及建構電商消費生態界，中國與其說是面臨變遷危機，還不如說是將危機當作轉機，讓電商消費文明變化成為黃金機會的層面更多。被列入世界前十大企業的阿里巴巴和騰訊就是中國革新的象徵，而相當令人驚訝的是這些公司原則上都不算是中國企業，阿里巴巴是在美國那斯達克上市的企業，騰訊則是在香港證券市場上市的企業，嚴格來說還可以算是外國企業。然而即便如此，這些也是中國共產黨精心栽培的代表企業，正是鄧小平實踐「黑貓白貓論」，即無論黑貓還是白貓，都要讓人民過上好日子的一大證據。

中國現在自認是製造業強國，但未來不只是製造業，更會是電商強國。中國在外交政策上都以一對一的形式與他國協商，進而建設中國中心市場生態系，並在市場內部投向電商懷抱，打造無貨幣市場。實際上，在中、美的霸權鬥爭中，對中國最不利的條件是美元，因為美元是世界的儲備貨幣，如果中國能將世界市場的50％轉換成龐大中華經濟圈並轉向以區塊鏈為基礎的金融科技，那麼在2040年左右不就有可能實現超越美國的中國夢嗎？當然在夢想實現之前存在著無數牽制和變數，但我想這就是習近平的中國夢吧！至今為止，中國正推動的市場變化方向確實如此。

中國市場是世界上規模最大、成長最快速的市場。對韓國而言已經是最具影響力的市場，所以韓國更應該要加緊學習且熟悉這個市場。如果不能正確理解中國的消費文明，韓國的企業就會被淘汰，如果韓國企業不能在中國市場生存下去，那麼這些韓國企業在自己國家的市場上也很難立足，畢竟大陸的電商消費文明最終會湧入韓國。淘寶商城的海外直購及光棍節的海外直購銷量非常可觀，也道出這種變化是趨勢，現在中國市場中隱藏著韓國市場的未來。

小米在想什麼？

小米追求的絕不是「仿造」

中國市場可謂無窮無盡，市場規模本身龐大而多樣性豐富，因此從小企業成為大企業過程中整個市場是非常貪婪的。再加上雖然市場正急劇轉向手機智人文明，但線下交易市場依然占有規模，而且是極具吸引力的巨大市場。所以我們在觀察仿效中國市場之時，還必須充分學習目標客戶的生活方式。中國成功的風險企業都是確實實踐以消費者為中心戰略的企業。

小米的「轉移戰略」

因全球大陸失誤而聞名的小米，其戰略是實現以手機智人為核心的服務。小米宣告要仿效蘋果的一切、可謂臉皮非常厚的企業。但小米表示：「我想讓所有顧客都能手持像蘋果一樣優質的產品。」事實上小米在設計及功能方面表現驚人（雖然都模仿蘋果），更以低廉的價格開始販售精緻的產品。

讓智慧型手機問世的蘋果才是引起粉絲消費的始祖，因此可以說跟隨蘋果的腳步是讓小米成功機率最高的挑戰。然而問題是在模仿之後，即使能引起一陣轟動，但能否持續保持高人氣才是關鍵。這不是看貓畫虎，而是看虎畫貓還要畫得好，現在的問題是如何讓這隻貓成為持續具有吸引力的品牌。小米將目標客戶定位為手機智人，從公司運作初期開始乾脆放棄線下交易市場，改以線上交易市場銷售對應。尤其是在公司營運初期，如果在線上消費者留言板上寫下軟體的某某問題，小米幾乎在3天內就會進行修繕。更新軟體的應對策略被評為是小米成功的最大功臣。從那時起，我們早已知道在電商平臺上積極應對與快速解決客戶投訴是培養粉絲的最佳戰略。即便如此，要實現這個目標有些難度，要擁有獨立的線上交易網站也不是件容易的事，即使困難重重還是得堅持實踐。當然，在一定程度下紮根線上市場之後，還需要進軍實體零售通路。

小米智慧型手機大受歡迎之後，隨之推出性價比高的多樣機組配件，持續維持高人氣。小米的配件包含有趣的話題性，再加上透過大量生產降低價格的話，就更具備讓顧客驚訝的賣點。在電商平臺上取得成功的祕訣是，正確地意識到應持續擴張粉絲並付諸實踐。

譽為全球大陸失誤的名作就此出現，小米成為高性價比的象徵品牌。價格驚人低廉的手機充電電池、價格荒唐的小米手環、以手機記錄體重的智慧體重計，現在甚至研發出智慧家電平臺，將所有產品連動透過小米應用程式進行管理。小米減少了傳統廣告行銷的費用，轉為以小米賣點推銷，持續增加粉絲群以擴大消費者的電商平臺戰略正在落實中。小米也關注光棍節促銷活動，2018年11月11日光是一天的收入就超過了52億人民幣，這些戰略都可說是實踐以顧客為中心的商業，雖然不能滿足所有人，但是小米滿足了多數追求設計感、高性價比和使用電商平臺的聰明消費者，這是小米努力取得的成果。

電商平臺為主的商業模式逐漸進入穩定階段，各商業組織也累積了相關經驗。2018年7月小米在香港證交所掛牌上市，上市初期的市值已超過543億美元，上市後收益也大幅成長搖身變為獲利企業。小米在資本及市場上都具備了穩定的商業體系，最近在印度也取得了不錯的成績。以在中國的成功經驗為基礎，小米在新市場印度也選定明確的目標客戶，並向客戶提供高滿意度的服務，因而取得了成果。小米在韓國市場也不例外，也以熟悉電商文明的消費者為主要客群，在韓國的小米粉絲也持續增加。小米證明了電商平臺商業的特點，也就是能確保多少粉絲、持續滿足他們、決定企業價值並保持成長。

當然科技產業的核心是技術能力。如果像三星電子一樣在半導體記憶體上確保超群的技術能力，那將完全是另一個故事。而如果像華為一樣以通信領域的優秀技術為基礎，確保了壓倒性的價格競爭力，那就另當別論。然而能以絕對技術差距決勝負的領域，並不常見，尤其像是直接向手機、家電、智慧居家等消費者提供服務的資訊科技產品，它的技術能力差距已經縮小到微乎其微的程度。也有分析指出，蘋果哀鳳或是三星蓋樂世旗艦系列擁有的奢華品牌價值日益減少，小米面臨的危機也是一樣，由於歐珀（OPPO）和維沃（vivo）的突飛猛進，讓小米原本在產品設計、功能、性價比上較有自信的地位變得模糊不清。智慧型手機市場可說是進入了超競爭的春秋戰國時代，誰也無法預測未來還會有什麼樣的強者出現。

越是在這樣的時代，粉絲的力量就越為重要。因此，建立以顧客為中心的經營方式，不，應該說是以顧客為王的經營模式變得日益重要。

阿里巴巴的新零售

線上線下交易結合

在中國，最能實踐以顧客為中心經營並有創意地進行挑戰的企業，就是阿里巴巴。1999年馬雲創辦的阿里巴巴是一家典型的電商平臺企業，馬雲透過網路商城發展壯大阿里巴巴，成為在中國創造及傳播電商消費文明並取得成功的企業家，而阿里巴巴是有意進軍中國市場的各大公司必須仿效學習的重要企業。

真正新流通概念的出現

馬雲原先為英語教師，對資訊科技一無所知。後來他認識雅虎的創始人楊致遠，因而看到了新世界，進而創辦阿里巴巴。馬雲還有個有名的軼事，就是他在創業初期因沒有收入而陷入困境時，找上孫正義會長尋求幫助，並在6分鐘內說服孫正義會長，成功吸引了2000萬美元投資的驚人事蹟。

馬雲最初開始使用的就是以企業對企業交易的阿里巴巴網

站。馬雲度過了營運初期危機後，伴隨著巨額收益，阿里巴巴成為中國代表性的線上交易網站。當時電子海灣曾是席捲了中國所有階層、一般消費者的平臺。馬雲針對這個公開透明的競爭市場，成立淘寶商城，為了成為讓顧客感到更加喜愛、更加可靠，並提供更高品質的產品而設立線上百貨商城。如此成立的公司成長為中國線上交易的核心平臺，並使電子海灣撤出中國，阿里巴巴幾乎壟斷了中國市場。現今中國80%的電子商務都由阿里巴巴旗下的淘寶公司處理，阿里巴巴的成功故事聞名遐邇足以出版成書。在此就來歸納一下近期阿里巴巴挑戰的新零售。

馬雲認為線上交易已有一定穩定性，並於2016年發布結合線下交易的新零售策略：**「電子商務這個概念將逐漸消失，且在今後30年內被『新零售』概念取代。當線上交易及線下交易相結合時，就會誕生真正的新零售概念。」**

交易模式中，離線商務模式是我們熟悉的概念，指的是將已經廣為人知的線下交易服務整合到線上平臺上提供的服務。宅配、計程車、共乘、購物等多項服務都已經以離線商務模式的形態運作，深受廣大消費者的喜愛。然而阿里巴巴創始人馬雲所說的新零售，與完全「網路交易化」是兩個不同的概念。新零售即實體店面結合資通訊科技進行數位化，並將這些技術全整合起來運作，所有財貨都遵循線上平臺流通及消費，這種形態就是新零售。新零售可以與離線商務模式特別作區分的點是，實體店面採用物聯網技術並統一進行結算，使整個系統在單一一個平臺上進行。如此一來累積的數據可以重新反映到產品的生產、訂購及配送，從而建立更合理的供需體系。馬雲說，在這個基礎上結合人工智慧，讓人工智慧執行整個營運系統才是新零售的最終目的。

盒馬鮮生的成功

最具代表性的成功例子有大型超市「盒馬鮮生」。如先前提過的阿里巴巴旗下大型超市盒馬鮮生是以消費者大數據為基礎企畫的，透過賣場、物流、配送的數位化，將消費者的範圍擴大到半徑3公里以內的居民的新零售經典事例；特別是交易只能以支付寶進行，阿里巴巴從而持續累積顧客購物數據。

這樣一來，商品流通的各個環節所發生的所有數據都將彙集成一個平臺，能為新商業規畫提供大數據的累積。阿里巴巴已經在網路購物方面收集了大筆數據及技巧，因此這些數據將為阿里巴巴開啟新的商機。

被評為大獲成功的盒馬鮮生實際上才剛剛開始。零售業的數位化正打開我們所不知的未知世界大門。從數據來看，不僅能預測消費者的需求，並能據此調整供給，還可以即時確認顧客對新商品的反應程度，也可依訂購量決定集運出貨最佳時機，分析各地區的消費特性，同質性較高的消費地區在推出新產品時也可以獲得加乘作用。光是用想像的就知道這些事情完全都有可能發生，這就是數位化零售的大數據潛力。

2016年11月阿里巴巴收購零售業三江購物的股份，然後以三江購物的物流網為基礎，將淘寶超商繼杭州、上海之後，又進駐寧波。淘寶超商以手機下單後一小時內配送的劃時代概念，向顧客宅配日常生活用品、新鮮食品。另外，2017年起，阿里巴巴與百聯集團合作。百聯集團為中國最大零售業，擁有包括百貨公司、超市、超商、藥局等7千家分店，分布於25個省、市，是一家大型實體零售公司。

除此之外，阿里巴巴還投資閃電購，挑戰線上訂購的產品在一小時內就可以收貨的快速配送服務。阿里巴巴能夠與如此多樣的實體零售業合作就是巨額投資資本的力量。

未來5年內將有100萬家便利商店？

現在阿里巴巴算是邁出了在網路上所累積的銷售技巧實際運用在實體零售店面的第一步，以及開始累積更龐大的數據。一直以來以線上交易數據為基礎而精心研發出的人工智慧應用程式及相關科技，今後也將在實體零售領域大放異彩，當然也有失敗的可能性，但這些長期累積的努力將確實加速中國消費文明的數位化。

騰訊投資控股的中國第二大網路商城京東公司也迅速轉向線下交易零售領域擴展。2017年京東董事長宣布，未來5年間京東將實現100萬家連鎖便利商店，此說法並非指開設新的便利商店而是將現有的便利商店進行適當修正並將這些超商聯合成同一個平臺，使這些超商統整為以電商平臺為媒介的大型連鎖便利商店。不愧是中國，韓國最大連鎖便利超商僅有1萬5千家，但中國竟然超過100萬家，這個數據真是令人瞠目結舌，從這裡顯示出的數據規模也相當龐大。

從科技角度來看，實體便利商店更有進一步的發展。如果說美國有亞馬遜打造的無人店鋪「亞馬遜購」，那麼中國就有「便利蜂」。便利蜂追求的也是無人便利商店，但便利蜂與亞馬遜不同，便利蜂建立顧客熟悉的行動條碼自助購買系統，甚至也引進了「即便不必親自造訪賣場，只要購入在購物應用程式中顯示的商品，就提供送貨到府」的服務，在無人商店裡臉部辨識功能及櫃檯感應器也正受消費者積極使用。2017年便利蜂在北京中關村開了5家分店，能夠達成多大的績效還是未知數，但文明趨勢走向絕對是顯而易見的。

以阿里巴巴和京東為首，中國許多零售業相互競爭將中國市場轉變為巨大的數位世界。作為商業基礎的零售一旦發生變化，文明就會隨之改變。中國已是世界最優異的電商消費文明國家，在廣播、金融、物流、交通等文明基礎都正轉向手機智人的標準，相較於現有消費文明的競爭力，手機智人文明無疑會以更快的速度確保自身的優越性。

阿里巴巴創辦人馬雲說：**「數據科技是中國的未來。」**

商業經由數據驅動的時代正在中國實現。

韓國的鄰國擁有可怕的新文明，韓國透過「Kakao T

Carpool」的例子已經深刻了解到新文明實施的難度，這也再次讓韓國意識到中國政府抱著多麼可怕的覺悟來接受數位文明。韓國非常清楚中國曾對韓國歷史的影響力，這是一個需要共同打起精神、應對新文明擴張的時代。

第四章

前所未見的「新」人類降臨

PHONO SAPIENS

全球7大平臺企業在開發軟體的人才招募可謂生死攸關，
他們準備了5兆美元，延攬世界上所有優秀的人才，
尤其人工智慧的專業人才更是近期主要招聘對象。
在這些電商平臺企業中，數百人、數千人投入人工智慧服務的開發早已成為慣例。
招聘方式大多進行6至10次左右的長時間面試，這些公司會進行多方面評價和多元特色評估。
他們想要的是什麼樣的人才呢？
符合新文明的人才又具備些什麼呢？

新人才

數位文明的仁義禮智

亞馬遜將3億名顧客畫分為不同的類別，並將市場進行細分為數萬個分部，根據顧客特性建立個人化分析系統。這樣將顧客分類的能力是從理解顧客的能力出發的，這是經營學、心理學、社會學等各領域專家、學者投入研究而確立的理論，並且加以分析數據以完成分類程序。

在這個過程中需要透過消費者的數據來推估理解客戶的心理。這時，平時在數位文明中累積很多交流經驗的人，便開始發揮他們的能力。也就是說，要想以數據來了解顧客的心，就必須具有強烈的同理心。當然心理學的知識、經營學的行銷能力、地理學的背景及人口學性質之專業領域的了解都相當重要，但比起這些，最重要的是對數位文明特性的理解度與共鳴能力。現在這個時代所需要的人才是，能夠了解這些數據並知道應該放棄哪些顧客、把握住什麼樣的顧客、更需要能得知為何同一位客戶會在不同時期作出不同反應的人才。

揣摩消費者的心理

在顧客為王的數位時代，具有同理顧客的能力是最基本的素養，所以從小就應該透過社群媒體，正確了解數位文明並培養同理心。除了必須細心照顧他人，也須熟悉真誠對話的方式，還要學習新文明所具有的幽默元素且善於察言觀色。想要了解客戶就得先了解數位文明，這就是為什麼要正確學習社群網站交流的最大原因。

當然，不光是數位通訊科技重要。消費者的多樣化正如市場分析專家所說，是時候該從「百人百色」進步到「一人百色」了，這也意味著要擄獲一個人的心，就猶如要找到他所想要的東西一樣困難，所以要懂得揣摩不同人的內心世界。為此，也需要關心那些對數位文明陌生的人，看到在自助販售機前因不知道訂購方式而感到手足無措的人時，我們必須親切地幫助他們，了解他們的困難及需求；在向這些人介紹智慧型手機應用軟體使用方法時，也應該考慮到他們生活的年代與我們現今的數位消費世代不同，我們必須有耐心地告知他們使用手機應用軟體的最佳方法，整個社會必須達成共識。為什麼老一輩對數位文明感到不滿？究竟是真的相當困難還是感到不便？又或者是心理情結問題？這些都值得每個人深思。

對於在市場革命時代化解文明年齡代溝的人來說，這又是一個機會。革命意味著文明交替，對於老一輩來說，新文明是相當困難的。對於韓國老一輩人更是如此，他們出生在國民所得不到100美元的時代，而活到至今國民所得突破3萬美元。生命由許多時間累積而成，對於出生在國民所得1、2萬美元的人來說，幾乎難以理解經歷過如此動盪時代的長者們。因此，只要是能對韓國老一輩人抱有感同身受能力的青年，就較能對生活在世界各地的人懷抱同理心。

全球市場是無限的，它的多樣性更是難以想像。在以客戶選擇為主的市場數位消費文明中，對顧客的同理心是比任何時候都來得重要的成功因素。韓國正是全世界培養同理心的最佳學習場所，因為韓國存在著在世界最貧窮國家時代中度過童年的長者，也有在已開發國家中度過童年的孩子。危機的背後總藏著機會，副作用的背後總是存在相對應的淨效應，問題只在於我們的看法。

新時代下真理依舊

如果說只有對消費者具備同感能力才能成為優秀人才，這話著重在必須成為「優秀之人」。但事實上，數位文明下真正的人才是「懂得關懷、細心、不冒犯、親切、合理、科學性又有能力的人」，並非虛偽，而是流露出一種純粹的自然。孔子說過，仁義禮智為人的根本。在數位文明時代裡即使是以新技術嫁接，構成社會中樞的仍然是「人」，因此身為優秀人才的原則依然有效，不，它甚至變得更重要。因為現在是無法遮遮掩掩的時代，不帶真誠的虛偽自然會顯露出來，虛假在現代數位時代是不被允許的。最近許多政治人物及企業家沒有意識到時代改變而盡做些傷天害理的事，遭到世人冷落。這都是因為這些人沒有正確理解數位文明的本質，因為他們的權力與資本觀念都還被束縛在舊時代裡的偏見當中。

在數位文明時代，最佳人才是了解「優秀之人」與「仁義禮智」的人。然而這裡提到的仁義禮智是符合社會急劇變化的「數位文明之仁義禮智」。從封建社會到數位文明時代，在這些不同世代間，仁義禮智依然是有效的。在仁義禮智的基礎上對數位科技的敏感度是最基本的，如果連專業能力都具備的話，無疑是錦上添花。

如果說成功的社會是由了解仁義禮智且實踐自我完善的人組成的，那這社會不是更有價值嗎？專業技術也是如此。即使不去昂貴的補習班，我們透過社群網站也可以獲得高水準的教育，如果獲得知識的方式是平等的，那麼這社會不是更有價值嗎？另外，現在公認的標準允許每個人都能有不滿，這也就是顧客的選擇，現在這個社會是以不同媒體消費文明為基準來運作的。數位文明時代將迎來一個新的社會，比過去更好的社會。如果想要成為符合新世代的人才或是想要培養優異人才的話，個人、企業、社會都應該了解新文明的需求，改變想法。我們必須快樂地邁向這個充斥著變化的時代。

革新的開端

熱衷於「副作用」的人們

史考特・蓋洛威教授的著作《四騎士主宰的未來》講述了我們生活在什麼樣的文明中，以及文明正如何變化。現在的我們將手機視為身體的一部分來使用，不必背誦而是透過搜尋來獲取知識；這是一個以社群網站交友的社會、一個購買念頭閃過就立即購物下單的社會、一個充滿變化不斷締造新事物的社會。這就是新數位文明社會的面貌。

「副作用」創造機會

首先，對於手機智人文明我們得先改變既有的看法。深思熟慮過後就會發現這個文明帶有許多副作用，甚至連蓋洛威教授也不同意這是理想中的文明，尤其是對於那些已經竭盡心力建立當今文明的長輩來說，新文明顯然是一種不方便、困難、帶有副作用的文明。然而歷史上幾乎沒有過遵循長者們期望而改變的案例，總是追隨著新一代年輕人的選擇而變化。

如果我們一味地關注副作用，只會加深與新一代之間的矛盾。現在應該回頭觀察副作用一下、數位文明強而有力的革新性，並尋找新的機會。即使困難也必須關心它，並加以學習接受，尤其是老一輩需要改變想法。全球市場文明已經確立了新方向，而我們有引導後代的責任，每當新文明衍生矛盾時，就應該同時考慮到副作用相應的好處。

手機帶有許多副作用。我們往往擔心會整天因為手機而無所作為，沉迷於遊戲、被社群網站束縛，甚至失去人際關係的社會，正是現代的社會現象。副作用相當嚴重，但到底發生了什麼變化呢？

人類是使用大腦思考的動物，而學習是從過目資訊之後複製到大腦開始的。手機智人透過手機獲得訊息，並且學習幾乎是無所不知，在人類史上智慧從未如此快速傳播。理論上，36億人口能搜尋到的知識都是一樣的。

當然，想法不能光依靠複製傳播，思想範圍經過大量複製後便會擴大。就像愛因斯坦也只使用了自己大腦的20%而已，人類的大腦功能是無限的。擁有知識的人類也會不斷產生新的想法，因此新的商業模式蜂擁而至。雖然手機智人文明的確帶有副作用，但我們不該繼續拘泥於副作用，必須為了創造新的想法抱持野心，這就會成為革新的開端。如果硬是阻擋副作用，我們連革新都無法開始。一旦面臨副作用，就要探索隱藏在背後的革新可能性。人類創造了不停尋求新方向的現代文明，創造文明者誕生於地球上相繼開啟新的文明。

至於社群網站呢？人類不知從什麼時候開始使用卡考說說，建立聊天室聊天更是成為了一種文化。不僅如此，現在早已是人類透過卡考故事（KakaoStory）、臉書、音斯特貴、油管、推特等社群媒體與人們交流對話的時代。從傳統文明的角度來看，現在的我們沉迷於不怎麼重要的事物，而人與人之間的交往越來越疏離；因為繁忙，我們選擇獨自喝酒，獨自用餐，甚至獨自吃烤肉，這些都不陌生，這點不禁令人遺憾，所以許多人懷念人與人能夠直接溝通又充滿人情味的那個時代。智慧型手機破壞了人與人之間的溫暖及交流，這句話絕對正確。

那麼，現在再來看看相對於副作用，它的優點有什麼。現今我們透過社群網站橫跨了時空、語言及文化的界限，擴大了人與人的關聯性。現代人不僅可以即時了解世界各地發生的事情，也可以和許多有共同興趣的人分享知識，全球人類得以共享並快速學習過去不曾想像過的新創意和各種資訊及知識。

社群網站文化迅速蔓及商業領域。音斯特貴的意見領袖們及油管上的知名網紅播主們現在都成為了重要商業模式。不知道今後還會有多少新的創意誕生在這個領域中，它無盡的可能性是明確的。若我們沒過這關，究竟能否規畫出新的商業模式？大數據分析已是商業領域中必不可或缺的，每天累積的大量社群網站數據就是能夠了解顧客心理的報告書，新的數位文明是由人類在網路上相遇而形成的，網路資訊革命使得以往不可能發生的事情成真，這就是社群網站最基本的創新特性。

有力的應對

我們必須要學會理解使用數位文明的創新，包括主要的社群網站平臺有哪些特點？人們為何如此狂熱？怎樣才能在平臺上找到要的東西？只因擔心副作用而阻止新文明，並不會讓我們獲得新創意。我們要更加積極投入新文明親身體驗這個時代的知識學習，並且掌握驚人成長速度的電商消費文明特點，唯有如此才是生存之道，現在企業正需要擁有這樣能力的人才。

很多公司為了不讓員工在辦公時間使用個人網站或社群網站，因而切斷外部網路，也使得員工的個人郵件無法確認，這是為了降低員工分心的副作用。然而斷絕外部網路後，要在變化的文明中獲得創意的道路卻變得狹窄，如果要採取極端方式切斷外部網路來抑止副作用，就一定要擬定出相應的對策，必須用相對的工資謀求創新。每個人必須持續尋找與自己工作相關的最新趨勢和資訊，與同事共享，並積極與相關領域的專家透過社群網站進行線上交流。同時，我們需要建立專業組織，以便每個人都可以學習並共享資訊，以及思考新文明。假設工作流程不變，只切斷與外部網路的連接，企業創新的可能性必定低落。

我們不能忘記人類是動物這點，大腦如果不能吸收相關資訊就無法跑任何新流程。除非涉及安全性，否則應盡可能開放公司的網路，也得積極使用社群網站。不了解這個時代的文明就不可能了解顧客的內心，傳統古板的人才是無法吸引消費者的。所以，對於副作用應準備有力的對策，為了尋獲新機會的可能性，也要提供配套措施。這些都不是為了進一步發展而努力，只不過是生存的唯一選擇。

生存權vs.創新性

歷經風雨的共乘服務也是如此，正如許多小型計程車業者倒閉、私人計程車經營商面臨生存權的威脅一樣，其中也隱藏著革新性。共乘服務受全世界許多人的歡迎，在韓國曾經使用過共乘服務的人中有75%同意使用共乘服務，而無使用經驗者中也有47%表示贊成，畢竟下一代文明的方向是可見的。當計程車司機發起罷工時，共乘服務的使用率就會提高，使用過共乘服務的人們徹底改變了這項服務，明明工作服務內容是相似的，但示威常是不能解決問題，這種方式的罷工只會進一步孤立計程車產業的地位。朝向數位文明轉變是這個時代的宿命。對於出租車的生存權，即使付出龐大代價，也必須忍受社會批判，並透過改變文明來解決問題。我們必須牢記，即使經歷過無數次變化，人類也絕不會回到過去。

網路銀行也是如此。韓國在20至40歲年齡層的網路銀行使用率，可說是世界上數一數二高的，但50幾歲的使用率為33.5%，60幾歲則是5.5%，使用率隨著年齡的上升而明顯降低（根據2017年韓國銀行數據）。這個數值太低了！許多老一輩也都不是故意的，他們雖然使用智慧型手機，卻不會使用手機付款，但他們絕對不是因為沒有學習能力，作為世界頂尖資訊科技國家的韓國，老一輩長者們不可能缺乏智慧型手機的使用能力。

這是由於拒絕陌生的新文明而造成的現象。回想這些年來關於數位文明的諸多負面報導，便不難理解老一輩長輩們為何要如此逃避。可以肯定的是，現在不能再停留於傳統文明時代了。自2018年以來，80％的銀行交易是以網路銀行進行，現在親自跑銀行與職員面對面交易比例也已經降到10％以下。數據清楚表明了我們文明標準的發展方向，如果這是不可避免的變化，就該學習它並且享受它。

搜尋霸主的成功

谷歌大神無所不知

世界七大平臺企業都為了延攬軟體人才拼命。帶有5兆美元子彈的這些公司成功狙擊了全世界的優秀人才，擄獲了他們的芳心，尤其近期人工智慧專業人才更是企業新寵兒。投入數百、數千人開發人工智慧服務，對這些大公司而言可謂真理，據說他們的招聘方式大多採用6至10次的長時間採訪、多元評價等特色方式。

學習須從社群網站出發

他們想要什麼樣的人才？這些企業主要都是以電商平臺來經營的，具備科技理解度及專業性是最基本的條件。以軟體工程師為例，可以透過面試直接得知工程師具備哪種水準的軟體開發能力。懂得活用開放軟體的能力非常重要，來看看最近在美國非營利人工智慧公司就職的26歲金泰勳，就可以看出什麼才是人才必備條件。

世界各地的軟體、人工智慧開發者共享各種程式，當然是不會公開智慧財產價值高的程式機密。金泰勳在韓國國立蔚山科學技術研究學院讀書時，獨自開發出原先谷歌迪麥（Google DeepMind）與蘋果聯手以非公開形式開發的程式，後來金泰勳以開放軟體形式公開20多次而小有名氣。谷歌大腦（Google Brain）的重要角色傑夫・迪恩（Jeff Dean）也感嘆金泰勳寫程式的實力，甚至提議與他一起工作將會讓他受到資訊科技產業的許多關注，金泰勳在眾多企業當中選擇了矽谷專家們共同以為人類貢獻的安全人工智慧為宗旨的開放智能（OpenAI）公司。2019年開始工作的金泰勳第一年年薪為30萬至50萬美元，令人相當吃驚。這就是資本累積的力量，面對這樣優異的人才，即使支付相當於韓國大企業年薪10倍的薪水也不嫌多，新的人才標準已經浮上檯面了。

金泰勳是一位優秀的程式設計師。然而，如果沒有社群網站的活躍與開放軟體的學習，真的能夠透過自學提高自我能力嗎？答案是「不可能」。金泰勳能成為受全球矚目的人才也是因為成就了數位文明的新軟體產業生態界。由此可知，從小就應該熟悉這個數位文明。比較一下，靠書本學習又去補習班補習的孩子，和每天登入谷歌又觀看油管、透過破解程式培養問題解決能力的孩子，這兩類孩子的能力會有多大差異呢？也許屬於後者的孩子是更適合引領新文明的能力者。現在因手機文明而培養的數位學習能力已經是人才必備的條件。如果只是擔心副作用而阻止發展的話，再有能力的未來人才都無法成長。

與谷歌大神一起革新

只要熟悉數位文明，我們的思維方式也會改變。2018年在韓國大邱勞動部安東分區工作力推社會福利的青年潘炳鉉展現了數位文明的革新力。完成韓國科學技術學院生物大腦工程學碩士學位的潘炳鉉成為社會服務工作者平常處理一般業務。安東分區發送的超過3900件掛號信的13位數的掛號號碼一一輸入郵局網站，再列印出來並儲存網頁，如果每天工作8小時需要耗時6個月才能完成。討厭單一重複業務程序的潘炳鉉為了解決問題，便利用程式語言派森（Python）寫程式，在潘炳鉉他的卡考早午餐（Kakao Brunch）部落格中撰文，詳細記錄了他寫程式的過程。

潘炳鉉首先抱著「與派森共事的話，必定無所不能」的心態著手，而且谷歌大神一定知道相關知識，他便在谷歌上搜尋派森網路爬蟲函式庫，在派森裡函式庫是指，開發程式時經常使用的代碼以一個函數或類別的單位組合在一起後聚集起來的。潘炳鉉發現其中一款叫做硒（Selenium）的函式庫，貌似很合適，就馬上進入，以硒製作無敵網路爬蟲的網站開始學習並且直接開始程式編碼。從這個步驟開始要分階段處理全部業務，逐步解決問題，因此在這個階段構思力便發揮了作用。就這樣，潘炳鉉在30分鐘內就解決了原先傳統方式工作需要耗時6個月的業務。潘炳鉉驚人的創舉傳開後，韓國雇傭勞動部邀請潘炳鉉，就行政業務自動化案，召開創意提案會議，雖然不知道他的數位文明知識會帶給僵化的勞動部業務上多大改變，但是在數位文明下成長的人才們的想法，從一開始就表現出他們的與眾不同。

潘炳鉉表現的業務流程也是以社群網站為基礎，他透過搜尋找到了相關領域的專家，並在專家們建立的網站幫助下解決了問題，當然他自己也在網站上分享了這個實例。這種過程每天發生數千、數萬、數十萬次，新知識的集大成者谷歌當然得被冠上谷歌大神的稱號。如果是不熟悉數位文明的職員就會被派到派森補習班學習如何寫程式，經過多年學習才能勉強完成程式；不然的話，也有更簡單的方法，那就是直接交由外包廠處理，當然這也是在覺得這個解決方案有可行性的時候說的。因此現今社會迫切需要從小在數位環境中成長、熟悉數位學習且累積許多解決問題經驗的人才。

正如先前提過的，所有商業基礎都正向電商平臺轉移中，電商平臺、大數據及人工智慧成了核心技術的學習領域。現在的我們應該專精學習電商對電商領域，擁有更深度的理解，電商必定是未來10年裡壓倒性必需的知識。

不僅要掌握電商，我們學習的方式也必須改變。不僅要熟練利用谷歌大神掌握資訊，還要學會透過油管聆聽相關領域講座。我們還可以與相關領域專家進行網路連線交流、訂閱頻道，持續拓展新資訊。如果可能的話，也可以嘗試開發新玩意，分享結果，加入知識共享的行列。

所以應該從小開始熟悉電商科技，公司也要在業務上反映出電商流程。不可否認電商平臺已經是個巨大的文明框架，也是學習方式的框架。我們必須擬定新戰略，在減少副作用的同時，謀求創新，培養人才。現在無論學習或工作，都應該以手機智人為標準並付諸實踐轉變。

數位的社會性

「讚」與「留言」中也有秩序

在數位空間裡討論社會性，大多腦中先浮現出來的都不是好事。例如因惡評飽受辛苦的人們、以假新聞迷惑大眾的報導、帶有粗俗字眼的網路弊端甚至淫穢到無法用言語表達，然而隨著社群網站文明的形成，也漸漸生成新的標準。

你以為群組聊天室是里民交流中心？

首先是聊天應用程式的對話禮節。公司開群組聊天室邀請下屬員工進入，上司拿來當作業務使用，下達工作指令使得工作效率大幅提升。然而，這個群組聊天文化當然也會造成副作用；許多人，尤其是較高職位者對群組聊天室文化理解不足，不時地指示員工業務並要求員工答覆，因此備受折磨的職員們怨聲載道。高層者認為群組聊天室就像在公司辦公室裡對話一樣，就按照原先對談方式表達。

然而群組聊天室文化與一般對話不同。如果是與業務相關的聊天室就應該在工作時間內傳達業務內容指令，也不能在這裡貼個人政治理念的網站連結，當然也不能貼與業務無關的教育職員內容連結（從老一輩想教育新人的觀點來看，這是必需的）。此外，也必須特別注意侵犯思想自由的可能性，也不能在群組聊天室裡表露個人私人感情。把有趣幽默的文章貼出來沒關係嗎？這個也需盡量避免，這不是什麼私人聚會，而是與工作業務相關的群組聊天室，這裡並非發表個人言論的空間，每個人都需要擁有小心、細心與體貼大家的心。另外，也需要約定工作時間並嚴格遵守，如果是非得緊急處理的事，則需要以個人聊天室聯繫並懇切地拜託。

這是去年夏天的一個意外插曲。某公司部長在群組聊天室裡提議去狗肉湯店聚餐，套用最近韓國流行語「加彭薩（gapbunssa）」來形容，就是突然氣氛變僵的意思，職員中沒有一個人回覆，簡直跟無聲抗議沒兩樣，之後這個聊天室內容被截圖上傳到各大愛犬網站，此事件延燒到韓國各地。或許那位部長認為過去20年間的潛慣例沒有什麼問題，但如今可是養育寵物犬人口達千萬名的時代，認為吃狗肉湯這個行為是野蠻行為，這也是文明新標準。然而將個人取向言論上傳到網路上就會形成一種無形暴力，因為網路傳播不同於人類耳朵僅聽一次八卦的感覺，所以有些現代人透過社群網站引發公憤，欲消滅舊有惡習醜態。在歷經這一連串過程後整理出能在群組聊天室說的與不該說的，就這樣新「聊天室文明」的標準才被確立。

對長輩來說，這仍然是個難題，如果不清楚的話，可以試著這樣想，假設自己在聊天室所說的內容刊登在明天早報頭條，那麼該如何表達？到底該如何在群組聊天裡表現其實早反映在外商公司避免「道德風險」職員教育的過程中，甚至我們應該把它當作是自己孩子們在閱讀聊天室的內容，相信每個人的表達就會更加圓滑柔和。煩悶得發慌要怎麼能生活呢？其實在聊天過程中也可以充分地學習應用有趣的玩笑和新的表達方式，特別是現在表情符號和貼圖很多，用適當的表情符號或貼圖裝飾聊天室就可以使對話變得溫柔活潑。創造大韓民國現代文明的嬰兒潮世代和 X 世代的各位，今天就試著找看看適合的表情符號來表現大家的多樣情感，如何？非常推薦由各位主導的業務群組聊天室可以變成一個充滿感性與可愛的空間，即使使用起來有點彆扭，也絕對比沒禮貌好上一百倍。

請包容多元想法

下面我們來談留言文化。油管、臉書、音斯特貴、卡考故事等眾多社群網站是讓我們可以表達個人日常點滴或想法的空間，看到這些貼文的許多人，包括你我，紛紛都會按讚留言。常使用臉書或油管的話就會吸取到很多經驗，像是看到酸民惡意留言會倍感心痛，看到打氣、安慰留言就會感到溫暖。人心真奇妙，在抒發心情悲喜的同時卻不能隨心所欲。

惡意留言其實具有很強大的暴力性，很多藝人和創作者都因為惡意留言而飽受折磨，最終訴諸法律手段也是因為這個原因。所以在社群網站上傳文章或照片時，必須盡量避免反社會或人身攻擊等具爭議性內容，盡量使表達內容婉轉柔和。然而，當人們聚在一起，惡評都是無可避免的，所以才需要生存戰略。

大部分的人不會因為在社群網站上看到他人與自己持不同意見，就馬上留惡評。只有總是怨天尤人的人才會那樣行動，所以把那些辱罵當成排泄一般無視為上策。而面對比較文雅的理性留言時，當對方主張與自己的想法不同，我們就可以做出相應回應，每個人想法不同是沒有辦法的，所以回應「原來還可以這麼想」就可以了。但手上握有數據時則有所不同，如果有明確的科學數據，就得根據這些數據進行反駁；在數據時代的手機智人文明裡，沒有比科學數據更確實的證據了，而當沒有確鑿數據或可證事實的時候，不多做應對才是明智之舉。

當然在發文時也是一樣，真實可靠的科學數據才能持續性地強而有力，雖然在一定期限內，假數據的感性層面口號可能更能抓住人們的心，但假消息很快會被大家驗證而露出真面目。上傳到這些社群媒體平臺的貼文或留言內容並不會憑空蒸發，所以需要更加細心觀察、驗證。

留言對多數人來說都是很自然的現象，有人會根據自己的心情留言，也有執著傳寫惡評的人，但大部分的人在給他人留言時並不會太在意，更何況因覺得不會真的面對面講話，所以會更即興發揮，甚至有時淪為粗暴無禮，現在留惡評成性、顯露暴力性，甚至把惡評合理化的專業酸民相當多。所以平時最好不要刻意去在乎這些，社群網站空間是共享大家的想法、日常生活的地方，無論是油管節目，還是臉書發文，都只是自己想和大家分享個人想法的一部分而已。與其花心思批判那些貼文，還不如直接無視；如果是與自己意見不同但理性的留言就算了，但如果是單方面惡意攻擊的留言，最好不要浪費時間，直接刪除留言為上策，這是8年來經營個人頻道如今成為韓國當代優秀網紅播主大圖書館所說過的話。

「非得這麼做嗎？」請三思！

大圖書館在頻道經營初期也飽受惡意留言折磨，也有過一段痛苦的時間。起初還會親切地回覆設法進行對話，但最終還是放棄。雖然說即使只有一人，也是令人遺憾的訂閱者，但自從大圖書館開始清理惡意留言後，他同時也尋回了心靈的平靜，後來的大圖書館就可以專注於喜歡自己頻道節目的粉絲，因此變得更加優秀，影片的內容也變得更有創意。人的能力有限，如果一直被酸民留言所擾，就會失去製作好的影片內容的正能量，更重要的是用新的思維提高頻道影片內容完成度。

留言在其他的情形也一樣的，正向留言可以增進人與人之間的關係，並建立能夠廣泛交流意見、堅固的交流網路。建立具備有益資訊及知識的人際網路，就能夠建造出豐富自我想法的知識寶庫。我們可以透過社群網站，開創自我發展的美好前程；反之，提出反對意見時必需非常謹慎，如果是不必要的言論，最好不要在網路上上傳相關文章。而極度想上傳文章時，請先問自己「一定要嗎？非得這麼做嗎？免不了嗎？」像這樣三思。健康理性的批評是發展所需，然而在反駁對方意見時，即使屬於親密關係也要格外小心。所以，即使罪證確鑿，也有心證，再忍不住想反駁也要忍住，然後冷靜地想一想：「我是不是抱著想表現自己知識的優越感，而想要留言呢？我有想透過這個留言傳達真心的訊息嗎？」經歷這些多重思考過程後，如果仍想留言的話，必須以最柔和婉轉的方式表達，有禮貌地傳達自己的想法。

世上有太多的人抱以不同想法生活，所以絕不是只與我的想法不同就是錯。多樣性是人類的普遍特性，應該認同每個不同想法的人，只要在不違反人類普遍道德標準下，就應該予以承認。社群網站的社群媒體空間也是一樣，以嘲弄諷刺的態度與人對話在現實社會中是得不到尊重的，也無法與人建立完善的溝通管道。

在數位文明中，社會性仍然重要，而且非常類似現實世界，甚至更需要細心的關懷及精練的語言。正因為這是所有人都能留意到自己發表言論的空間，所以必須時時抱持謹慎。網路空間提供了我們在線下生活圈無法擁有的新經驗與知識，到底該把握這個機會或是放棄，完全取之於己。

培養對人的貼心關懷，對個人未來發展至關重要，也就是指養成人們找出自己喜歡事物的能力。

說故事

「天啊！這個一定要買」

新興平臺企業不怎麼使用傳統形式的廣告，像是包含「我們家東西很好，必買」這種資訊的廣告急劇減少，從唯有經營粉絲群才能生存的觀點來看，就能充分理解這種變化。谷歌在開發谷歌眼鏡（Google Glass）時一次也沒打過廣告，谷歌研發的目的當然不會只追求販賣，然而還未上市的谷歌眼鏡消息一出，卻是傳遍全球，這是說著「天啊！這個一定要嘗鮮看看」的客戶相傳而瞬間紅遍全球所致。谷歌的阿爾法狗也是如此，沒有打廣告僅憑著與韓國圍棋九段棋手李世乭的世紀對決，就讓全世界陷入衝擊與恐慌之中。

亞馬遜也一樣，亞馬遜甚至停止利用幾年的電視廣告，身為重視品牌力量的零售物流企業來說，這是相當破例的。亞馬遜轉而投入吸引粉絲群的商品故事及賣點，開發物聯網加密的「一鍵購物」按鈕，建立約200個生活必需品的自動配送系統，也搬出無人機快遞到檯面上，讓世界豐富熱鬧起來。另外，裝有亞莉克薩語音辨識的亞馬遜智慧音箱及被普遍認為是物聯網聖地的無人店面亞馬遜購，也並非以廣告打知名度，而是致力於商品賣點的成功案例。顧客自行上傳到各自的社群網站而傳播開來的，商品實際應用的故事是如此有魅力，再搭上粉絲群便車，就具備了擴散的力量，很多新興風險企業都正積極利用這個手法提升品牌知名度。

說故事的力量

講述故事的能力是必要的。過去在研發科技時，對「世界首例」、「世界第一」的排名或數字非常敏感，所以我們普遍會深信最初研發出的公司能夠打造出最好的品牌，企業也一直把此當作最高標準，所有製造業都致力於具有最高水準的開發能力是應該的。「全球首款液晶電視」、「擁有全世界最大容量的記憶體」這類廣告標語對老一代非常熟悉，但不知從何時起這種趨勢逐漸式微，比起世界第一的產品，追求「懂得照顧我的產品」、「專門為我設計的服務」的人越來越多；現今比起技術，關懷更是重要。所以，企業規畫的第一階段就是打造粉絲群的故事，目標客戶喜歡的到底是什麼，把它找出來，它就是創造的力量。

故事是藝術的結晶，根本當然是人文素養。但並非盲目學習人文科學就能產生能力。在現今時代，我們需要對符合時代的科技有深刻的理解，對於這個時代的人們所希望的故事情節還需進行批判性思考及努力。觀看電影、電視劇是很好的學習方法，狗血電視劇也是學習的對象，這都是基於數據。在數位媒體當道的時代，能夠讓消費者選擇的媒體到底有什麼祕密，我們一定要充分地學習。

對工程師而言也是一樣，工程師大部分都以數字為對象工作，將各樣資料數值化，為了這個目標做出最大努力，在故事情節等感性領域就相對變得脆弱。雖然有信心達成產品「世界首例」、「世界最優異」的數位科技成績，但是聽到產品故事卻感到茫然。然而問題在於數位文明中的產品故事必須融合人文素養的感性及技術。不管是對工程師或我們而言，仍不習慣以這種模式工作。我們習慣於各自實現各自的目標，幾乎沒有過彼此間合作再將創造性思維改編為故事來增添感性，並用科技表現出人文素養感性的經驗。因此，我們應該廣泛學習不同領域的知識，增加彼此的共同點，一起企畫的工作項目也要多費心思。雖然會感到陌生，但只要是必須做的事情，挑戰就是必經過程。

大疆創新不執著於產品規格

大疆創新是無人機業界龍頭，我們可以透過觀摩大疆創新最具代表性的無人機是如何在以消費者中心的市場取得成功，就能理解為什麼產品需要故事賣點。大疆創新的創始人汪滔在開發無人機時並不怎麼執著於產品規格等細項，中國大部分無人機科技公司在乎的都是數字；飛行時間有多長？飛得有多快？飛行時載重有多重？一邊考慮這些因素一邊開發。相反地，汪滔以消費者會想從無人機身上得到什麼的觀點出發，從使用智慧型手機自拍、錄影的消費者身上找到的是消費者對媒體的需求，消費者每天在社群網站上傳數十億張照片及影片，享受著全新的媒體時代。在隨手拍的情形普遍化之下，若是能夠捕捉到顧客至今仍拍不到的絕佳畫面，消費者就會自動掏出荷包。汪滔就是看著這點，在無人機上裝了專業攝影裝置，營造了商品的故事話題性，並且將身心投注於攝錄媒體的細節部分，為了保有與其他商品的差異化而花費了不少心力，甚至一起創業的同事認為這樣的商品已足以上市，但汪滔對此仍無動於衷，結果導致公司營運困難，在同事們相繼離開後，汪滔仍然只專注於商品差異性細節的完成。之後把樣品寄給好萊塢導演試用，汪滔反覆檢驗影像品質是否讓專家們滿意，並且提升商品完成度，在商品外型設計方面也絕對不讓步，直到能夠讓人點頭的商品設計出來為止，汪滔都不曾中斷過商品細節的調整。

歷經這些過程推出的大疆無人機在上市後立即獲得超高人氣，大疆創新一躍成為無人機市場競爭激烈中的龍頭。而引爆大疆無人機超人氣的是消費者親自拍攝的影片，讓許多好萊塢電影所使用的大疆無人機的商品故事，就像調味料的作用一樣畫龍點睛，增添了商品話題性。這個商品故事激起人們「我也想拍攝到絕妙影像」的欲望，最終使得消費者實際購買。2017年大疆創新的銷售額高達27 億美元。在無人機廉價又氾濫的市場中，消費者樂於為價格高昂的大疆無人機掏出荷包，這證明了商品故事是如此具有魅力與致命性。憑藉這股力量，大疆創新在無人機市場裡牢牢霸占著世界頂尖的位置。

大疆創新成功的關鍵原因是守護影像品質的多樣技術細節，而商品故事的完成終究是技術創造的。光憑影片的解析度、飛行速度、停止能力等數值很難被認定為「夢幻無人機」，所以才需要能夠理解商品細節的感性，並且能將感性運用自如的工程師；在幾乎所有產品開發都需要各界結合的現今市場，需要的是能和藝術家共事的工程師。現在是從感動顧客的商品故事開始，到設計師、工程師、行銷人員、販售人員，所有職員都必須執著於商品細節的完成度才能創造成功的時代。

商品故事準備就緒之後，表現就由媒體來執行。數位消費文明的特徵就是以媒體為媒介，狂熱的粉絲們也是經由媒體的連接，透過社群網站擴散而引起的，所以也需要製作媒體的能力，這也是為什麼我們需要提前學習消費者熱衷於電視劇或影片等的原因。透過媒體獲取目標客戶的認同能力，非常重要。目標客戶日常使用的媒體平臺是如何形成的，也需要我們仔細查；我們可以設法詳細調查一下目標客戶喜歡的油管播主是誰？這些油管播主拍攝製作的影片內容的特徵是什麼？最近的趨勢又是什麼？無論何時何地，請確實注意並確保客戶的數據，以及熟悉數據處理技巧。

至於我的人生故事該如何撰述呢？如果把我的人生製作成5分鐘的影片，影片該包含哪些內容呢？突然大腦一片空白了吧！打造品牌故事和企畫商品話題一樣困難，所以也必須透過長期多樣的訓練來培養能力。我個人必定會觀看每年最熱門的電視劇或電影，也會聆聽最流行的音樂，完美展現2018年潮流的熱門製造機防彈少年團的相關內容也都要全部涉獵，也會去看社群網站上推薦的圖書。像這樣表現出與過去趨勢完全不同的模式值得深入研究，學習媒體流行趨勢及傳播方式可培養成功商品故事內容與製作媒體的感性，也可以掌握引領趨勢的電商平臺特性。請頻繁把你的感性雷達置於高處，當然，欣賞故事內容時感受到的喜悅算是買一送一的額外福利。

全通路

價格隨時更動的世界

我們生活在革命時代，商業模式的變化很遺憾地是極其嚴重的。現在以為站穩腳步的平臺或許在某天不知不覺就被其他模式的平臺給擠下去，連現在這種新方式都會被取代。所以，我們不僅要追趕著變化去學習，也還須具備擬出新想法的能力。革命要求這麼多還真累！

建構全通路零售

商業平臺有如將市場板塊分化，將它細部化且專業化，所以學習的範圍很廣。首先，不同國家的特色大相逕庭，在西歐和日本等數位平臺擴散速度相對緩慢的國家，既有的流通網依然發揮著強大的力量，傳統行銷方式也依然有效。而另一方面，中國和美國已大舉轉向數位平臺，媒體平臺的變化統計印證了事實。日本仍然是全世界電視收視率最高的國家，而美、中的媒體消費方式卻已向數位平臺轉移了50%以上，我們可以將此看作反映出媒體消費模式如實套用在商品購買模式裡的數據。所以在規畫商業模式時，也必須分析不同國家、地區、目標的消費習慣，才能完成擬定基本商業戰略。

如先前提到的，愛敬集團針對中國市場推出了網紅主打的獨立品牌。當時化妝品的主要販售通路依然是實體店面，那時中國國內傳統實體店面的銷售金額不容小覷，雖然網路平臺與網紅的銷售模式開始受到吹捧，但仍不足以與實體店面相比。當時很多人認為，愛敬集團的挑戰雖然非常新穎，但注定很快會失敗。愛敬集團不必支出任何一般銷管費用，只以網紅廣告及線上銷售來定勝負。從既有常識來看，這的確是艱辛的挑戰。

但是現在呢？不到4年全盤就逆轉了。韓國化妝品業長期憑藉著中國遊客的實體店面銷售額劇減，愛敬集團以網紅行銷的線上販售搖身成為有利可圖的商品流通網。這是愛敬集團探討「彩妝保養類產品主要是以什麼平臺流通」，深入研究這類變化，並根據變化擬定戰略，因而得到的成果。隨著消費者移動和挑戰新商業平臺，無形中已成為企業生存的必要條件。

以數據來確認2018年消費趨勢的話，很明顯地化妝品、時尚、鞋類等敏感流行消費品的流通平臺已開始大幅變動。實體店面消費急劇下降，以數位平臺為媒介的消費則是激增；電視廣告效益減少，反之因油管傳播而生成粉絲群的現象則是更加強烈。以傳統連鎖店為基礎的實體店面因收益減少而遭受打擊，但到底該何去何從仍有待思考。

讓總公司憂慮的也很多，線上交易市場正在擴大，若顧及到實體店面，價格則不能隨意更動調整。相反地，商品在網路上販售價格瞬間更動是常有的事，聰明的客戶只要有中意的商品就會立即搜尋，價格更實惠的話，就直接在網路上購買。這勢必會引起實體店面不滿，所以無論在哪個地方購買都需要價格統一政策。若要實施這個政策，就必須建立一個可以即時更動所有流通網路上商品價格的數位平臺，這就是建構「全通路零售」。擁有多樣販售管道的品牌若要想成功，全通路零售政策以及整合線上、線下流通網路，比什麼都來得重要。

並非僅進行線上行銷就能成功，線下交易市場也不一定只會縮小，從數位消費文明領先的美國和中國來看，這種現象是明確的。然而基本上趨勢是轉向數位平臺，線下交易消費必然會隨之減少。消費文明交替之際沒有成功的王道，對總是以成功模式發展起來的韓國來說，驚慌失措是少不了的。以現在來說，唯一的王道就是「客戶至上」。

正值革命時期，尤其是商業平臺正在以驚人的速度持續變化，然而卻沒有足夠的教育機構及資訊可提供給大家。如果是個人，只能自學，可以努力查詢網上的資源，並且透過社群媒體與相關領域專家進行交流，也必須透過油管持續關注新資訊並學習專業知識。如果是公司的話，就應該建立針對新商業趨勢進行調查分析的部門，資訊科技部門性質也需要改變，如果之前只專注於公司營運體系，那麼現在是應該分析顧客數據，進而創造知識，並將數據提供給社會所有組成成員。新的數位商業趨勢也需要整理共享；在全球市場中，電子商務平臺新模式推陳出新之時，監測成敗走勢同時向大眾提供資訊是相當必要的。

近期敏捷管理成為話題，也是基於相同的原因。一般來說，企業都會在年初制定年度企畫，整個公司組織都在為達成目標而努力執行活動，然後在年末以成果績效作為對照審核，再重新擬定下個年度計畫。這是我們熟悉的普遍工作方式和組織運作模式，然而隨著市場環境劇變，這種商業形式已經很難適應現今市場。為了制定年度計畫而投入大量的時間及努力，但是企畫假定中包含的市場狀況卻發生了劇變，原先計畫本身就失去了意義，所以隨之登場的是敏捷管理經營模式，不再是總公司管理階層制定計畫再下傳給下級組織，敏捷管理經營系統賦予了直接面對客戶的小規模管理團隊經營全權，並根據客戶反應立即行動。美國三分之一的企業都正在試圖從以年為單位的績效評估經營模式轉為敏捷管理經營，這說明了以顧客為中心的經營理念正影響著經營方式發生劇烈變化。

商業平臺的變化對企業來說是關乎生存的問題。必須打起精神，根據客戶的選擇行動，並且持續靈活轉換變通，直到企業具備了利用新戰略得到顧客選擇的能力為止，都必須持續因應市場更新。

不再需要服務

即使不便但有趣就買

數位平臺的成敗取決於死忠客戶，而贏得死忠客戶最基本要求便是主打項目，然而並不是讓消費者感同身受的所有商品故事內容皆可創造主打項目。商品故事題材優秀，建立周全的宣傳媒體，選擇使用多人數的平臺，並不會成為創造死忠客戶的主打項目。實際上在創造銷售額的商業平臺裡往往是取決於經驗。持續使用用戶推薦的商品並不是塑造死忠客戶的最有利因素，也就是說，主打項目必須具備觸動人心的商品細節，在裡頭專業性能決定成敗，也意味著業界的本質仍然非常重要。

星巴克的賣點和蘇梅披薩的味道

以影片宣傳音樂及成員魅力的方式造就了防彈少年團的忠實粉絲們。防彈少年團是以音樂水準、歌詞內容、歌唱實力、帥氣舞蹈、成員們真性情，配合著防彈電視的魅力等特點而相輔相成，並且創造出不容小覷的爆發力的一個實例。當然，最重要的關鍵仍是音樂，也就是歌曲好聽，讓人認為非聽不可的心靈悸動。

亞馬遜也是透過忠實客戶茁壯的實例。由於寄送方法和價格方案誘人，死忠客戶會花整整119美元的年費加入會員。一億一千萬名的用戶就是死忠客群的實體。他們加入會員的理由是因為有最基本的主打品項，用划算的價格買優質產品，再加上商品推薦、回饋、會員日特價活動等有趣的優惠，亞馬遜是以此和其他線上販售平臺作出最大化的區別，以此作為主打品項。

主打品項代表的意涵是能讓消費者自動自發地說出「這是一定要試過的商品或服務」。星巴克為了讓消費者無論在哪裡都能買到相同味道的咖啡，建立了一套優化系統，這個系統是所有連鎖咖啡廳都非常講究的環節，所以並無太大差異。取而代之的是，星巴克開始根據地區推出限定產品。一方面推出新產品銷售，滿足多樣化及客製化的顧客口味，一方面再主推顧客迴響最熱烈的品項，這就成了顧客的經典翹楚。

另外，星巴克讓顧客為之風靡的另一點便是應用程式服務。事實上星巴克早在很久以前便推出應用程式服務。然而在2015年之前都沒有太大的迴響，正是因為其中沒有吸引客戶的主打項目。2016年星巴克開啟了新市場的大門，在企業一片競爭聲浪中「集12點可以兌換一杯免費咖啡 」的基本服務噱頭下，以及用星巴克應用程式集點可以隨心所欲換取三明治、可頌享用，這點也反映出所謂應用程式的特點是持續保持讓顧客更加便利。曾經集點免費兌換三明治的客戶開始在社群網站上炫耀，於是更多人開始下載並使用應用程式結帳。即便會花時間，集點的樂趣讓客戶對星巴克消費樂此不疲。星巴克應用程式運行方式是透過信用卡先付款，在美國2016年第一季信用卡付款金額高達整整12億美元，結帳時只需搖一下，就再也不用按按鍵，所以非常便利。這個方式影響了排隊購買的客人，甚至還創造出在遠端也能事先點餐的線上點餐叫號系統。現在美國有2200萬名客戶使用星巴克應用程式，應用程式結帳占星巴克總銷售額的40%。星巴克的產品魅力結合對手機智人的體貼，便是創造主打品項的例子。

在舊金山引起熱潮的蘇梅披薩（Zume Pizza）也是主打項目成功的事例。蘇梅披薩在披薩生產線上投入4臺機器手臂。雖然用機械手臂烤披薩是很有趣的賣點，但不足以成為吸引忠實客戶的因素。當然不可否認這也算是有趣的原因，但要說起來，食物的本質還是味道，蘇梅披薩在披薩餅皮塗抹上番茄醬後會先送進烤箱進行初次烘烤，在出爐的披薩上鋪上滿滿的起司與配料，接著機器手臂會將披薩再次送入烤箱中。這個移動式烤箱就像書架一樣，會整個移置於外送貨車廂裡，此刻便是展現技術的時候了。把數十個尚未烤熟的披薩放到外送貨車的烤箱後出發，利用全球定位系統導航偵測，在抵達第一個目的地前4分鐘，烤箱會開始烘烤準備配送出去的披薩，如此一來披薩就會在到達時同時出爐。蘇梅披薩便是熟知披薩在剛出爐的瞬間美味的特點，將此以技術實現。站在顧客的角度設想，他們不曾吃過如此可口的外送披薩，如此驚豔的體驗讓蘇梅披薩隨著社群網站在消費者之間名聲遠播且得到許多讚賞。也就是說，蘇梅披薩的主打項目取決於味道，味道是餐飲界的基本原則，技術只是助力罷了。蘇梅披薩以此次的成功在2018年11月受到軟銀集團孫正義會長3億7千萬美元的投資，拓展以機器手臂為基礎的外送事業。

蘇梅披薩透過技術創造主打項目，那麼卡考銀行就是以簡約技術來創造的。韓國第一個網路銀行於2017年正式成立，這個網路銀行的成功之處在於在3個月間網羅了40萬的客戶。原本大家以為這樣的數據是還不錯的成績，然而較晚成立的卡考銀行卻在3個月內吸引足足500萬名客戶加入，金融卡的部分也有超過300萬名申請。令人意外地，申請理由僅僅是因為可愛。卡考銀行因為卡考朋友（kakao friends）的可愛開啟新市場，再加上技術補強。首先要追求可愛必須先取消公開金鑰認證。因為從名字就不讓人覺得可愛。再者減半指紋感應次數，指紋認證雖然方便但也積極導入資料安全技術，如此一方面確保了客戶個資安全，一方面造就了可愛感。不增加科技，反而減少手續，成就了可愛小巧感；也可以說，受500萬客戶青睞的技巧便是簡約。

最好的服務就是不再需要服務

如前所述，主打項目沒有必然的準則，有時要添加東西、有時要刪減一些技巧才能緊抓客戶的心，若要創造牢抓客戶的魅力，就必須從共鳴裡的細微情感下手。當然手機智人文明中也存在幾個成功的關鍵，其中最基本的要素是便利。比起智慧型手機基礎設定的系統，用少數幾次的指紋登錄就能更便利地完成手續，雖然一開始有些繁瑣，但只要使用過一次，體會到便利性後就離不開了。所有的階段畫面都必須以細節滿足。亞馬遜曾用一句話來表現「最好的服務就是不再需要服務」，此目標就是讓顧客什麼都不必做也可以，以這個為終極目的而投入尖端科技。無人商店亞馬遜購的宗旨也貫徹了這句話，「只要拿起來帶回家即可，剩下的我們會自己看著辦。」

打造主打項目的另一個要點便是好好利用業界的本質，並使客戶將「一定要試試看」的理念傳達給周遭的人們。衣服就要漂亮，食物就要好吃，服務就要便利，以上這些早已是所有企業追求的宗旨，無須再說明。韓國明星廚師白鍾元代表強調，《胡同餐館》這個拯救巷弄美食綜藝節目的理念是讓大眾重新塑造對餐飲界全新認知，建立對食物味道評價標準的時候，將個人想法或者個人要求看得更為重要，甚至不惜放棄商業性。這個做法展現業界最基礎的本質，而標準也取決於客戶，更是需要時時執著於追求顧客要的，並且打造商品細節的系統。即便成功後也絕對不能掉以輕心，要持續針對顧客的口味變化作出反饋，這就是發揮專業的時候。

最後還需要一個有著該商品美好體驗的客戶，讓他自動幫忙透過網路宣傳「你也用用看！」這種能夠廣為宣傳的簡單手段。用連結分享說明或下載軟體，或者傳送影片連結等，需要一個透過社群網站簡單分享的體貼。市面上也有許多分析這個方法成效與否的工具，調整數據和收集顧客反應能透過程式語言派森輕易達成，分析收集起來的資料也不難。亞馬遜的網站服務或微軟的天藍雲端共用平臺，或是IBM的人工智慧系統沃森（watson）等，都有提供分析大數據的程式，透過程式可以分析有多少顧客變成忠實客戶，可說是具備判斷是否夠資格作為主打商品的工具。

即便理解這些理論去策畫，成功創造主打項目仍舊是困難的課題。如果這是簡單的事，誰都可以做到，但事實則是雖然困難卻是必經之路。必須要有一定的執著，才能完成相對優良的主打品項，所以必須先以顧客反應為基礎，才去追求有無改善餘地的系統。例如小米根據客服系統獲得的顧客意見，每星期升級更新軟體，即時解決一星期內顧客累積的客訴，這就是小米吸引許多忠實客戶、打造粉絲文化的祕密武器，快速對應的策略便隱藏在小米公司的營運系統。手機智人時代以數位平臺為基礎即時反應顧客要求，也能給顧客另一種感動，這也是主打項目的關鍵要素。

故事的陷阱

問題是技術導向

2018年特斯拉（Tesla）經歷了巨大危機，與車款MODEL 3獲得超高人氣相反，生產速度卻趕不上銷售，特斯拉執行長伊隆・馬斯克（Elon Musk）打算建置完善的機器人製造系統尋找解決管道，但因面臨困難，危機開始浮出水面，原因是如果是人類的話，簡單的事反而很難交給機器人解決。例如，從製造舉起玻璃杯的機器手開始，力道太強抓取就會破碎，輕輕抓取則會掉落，所以必須裝上超精密感應器，為了做出立即反應的系統也需要高性能中央處理器及通信系統。若是想製造出像五根手指一樣靈活運轉的機器人，每個關節都需要裝有馬達和控制它的電腦、數百個馬達及感應器，還有大容量的電腦與通信系統，各個都需完美正常連接，才能打造出跟人一樣靈活的機器人。該有多難啊？人只要單純地抬舉東西並適當地放上去正確的位置就完成的工作，對機器人來說卻不容易。

可見特斯拉當然是完全自動化失敗，而造成特斯拉股價暴跌。幸好馬斯克與工程師團隊連週末都埋首於工作，以人與機器人相輔相成使得汽車產量提高到了一定水準，股價才恢復。這個例子給了我們很大的教訓，雖然商品故事高分過關，但在物理解決能力方面明顯存在著侷限性，全球以工程技術聞名的特斯拉團隊，也透過這次經驗吸取了「不行就是不行」的慘痛教訓。

波士頓動力公司（Boston Dynamics）以製造會奔跑移動的機器人打出名號，但是也跟特斯拉一樣有類似的障礙。雖然機器人技術能力是相當突出，但依然還沒能生產穩定步行的機器人，通常機器人是經歷無數次測試後，再把成功的少數那麼一次拍成影片上傳，也就是說距離能製造出像人一樣對周圍環境立即反應的機器人還相當遠。電池也是大課題，即使現在研發出了戰鬥機器人，但以現在技術而言，待機時間連撐過兩個小時都有困難。

其實無人機也有類似問題。1991年鋰離子電池首度上市，之後雖然逐步改善，但基本上電池容量並沒有增加，也潛藏著爆炸問題。諾貝爾化學獎、物理學獎推陳出新，但能取代鋰電池的東西卻還未被推出。若是有一天同樣大小且電池容量是現在電池的100倍，這個才是真革命。說穿了，商品故事、數位平臺、主打項目都很重要，但能夠解決這些問題的技術因素要跟上腳步才能成功。

缺乏技術什麼都不行

具備技術專業性因此非常重要。韓國具有這項優勢，這就是韓國長久以來磨練出的製造技術的優秀性。雖然韓國數位平臺實力單薄，商品故事也編寫得不盡人意，但在構建這些平臺的基礎製造技術卻是全球數一數二。全世界在開發數位平臺上所使用最多的半導體就是韓國製造的半導體，雖然還沒有獲得過諾貝爾化學獎或物理學獎，但對於奈米科技的結晶半導體產業，韓國則是位居不可動搖的世界第一。韓國的機器人技術也不落人之後；由韓國科學技術院吳俊鎬教授帶領的機器人研發團隊在災難救助機器人競賽中奪下世界第一的寶座。如果想到韓國比美國及日本低得誇張的研究設計投資費用，這個成就幾乎堪稱奇蹟。近期韓國在生物相似藥領域震驚世界，在歐美看到韓國賽特瑞恩（Celltrion）與三星生物製劑（Samsung BioLogics）連續獲得嚴格新藥許可的模樣，不禁讓我們讚嘆韓國製造技術實力的無可限量。

韓國很多企業皆擔心著商品故事薄弱，或是數位平臺商業受到限制，造成創新的速度緩慢，但儘管如此，韓國仍然保持全球優異的製造業紀錄。未來必定會面臨危機，但反過來說，如果我們在製造技術的細節部分能夠抓住粉絲群，也就意味著我們擁有強大潛力。如果是在其他國家遭遇瓶頸而無法實現的故事，卻在韓國成功的話，會不會因此形成巨大的粉絲文化呢？我個人認為這就是韓國的無限可能性。

前陣子公開亮相的三星「蓋樂世Fold」吸引了全世界的注目，完全顛覆了2019年美國消費性電子展樂金電子的可捲式電視。現在唯一可惜的就在於商品故事，如果創造粉絲群的商品故事與驚人的製造技術相結合的話，那該有多麼令人讚嘆！我已經從現在開始內心雀躍不已了。

基因交替

該是解讀「副作用另一面」的時候了

數位平臺商業成為趨勢是眾所皆知的，我們是該努力學習數位平臺核心的大數據及人工智慧，也可以向前面提到的亞馬遜等成功實例學習，並且運用類似的系統進行企畫，但真的不是件容易的事。事實上，向數位時代轉型最大的難度就是對新數位文明缺乏理解認知，所以首先必須放下心中的東西，就是我們所擁有的「常識」。

副作用的另一面

如前所述，對老一輩來說，數位文明是非常陌生的人生經驗。智慧型手機剛上市時就是如此，所以副作用才會一開始就浮出水面，為了減少伴隨著智慧型手機而衍生的副作用，老一代制定了許多法律及制度。在過去10年韓國的常識中，「智慧型手機導致的副作用影響甚大」的想法根深蒂固，現在必須把這種想法翻轉過來才行。

「36億人類自發性地選擇了智慧型手機，今後勢必還會繼續朝這個方向發展，如此一來，如何？」

我們要看到副作用的另一面。每當副作用無意識地產生時，就須思考相對的革新潛力，只有這樣我們的常識標準才能轉向數位文明。

在一般家庭中，看到夢想成為一人創作者的孩子或是想成為職業玩家而成功的孩子，家長往往會感到為難。然而，如果以這些孩子們嚮往的世界文明標準來看，也不足為奇。因為，如果是在過去，就相當類似於孩子想成為9點新聞主播或是職業圍棋棋手之類的職業。因此，應該把「副作用」改為「革新潛力」來思考。

1980年代以後的千禧世代，從小就透過電腦與網路確立了對數位文明的認同感，他們使用聊天應用程式聊天時的禮貌、語氣、流行語都儲存在大腦裡，這是現在50多歲長輩們沒有的。因此，即使透過同樣的工具進行對話，也很難達成溝通。數位文明在過去是沒有的，所以老一代必須要學習，新文明也可以是一種機會。老一代長輩們長期累積的經驗及知識，在現今這個文明中仍是一大筆財富，活在世上的智慧總是無處不見其效。

比如說，孩子們盲目地想成為油管創作者，但如果父母開始關注這方面資訊，與孩子一起朝著同個方向思考，孩子的視野自然也會更寬廣開闊。成功的創作者條件是什麼？即使不以創作者的身分生活，也可改以節目企畫者、總監、劇本作家等相關職業為夢想。不論是什麼，父母都與孩子一同思考，慢慢尋找答案的話，當然人生中會有更好的機會。夢想成為職業玩家的孩子也是如此；在北美，電子競技已經成為比冰上曲棍球更受歡迎的一種運動，對遊戲產業的看法可以透過足球或棒球改觀來看待。我們可以告訴孩子，不管孩子是否成為職業足球運動員，或者失敗了，也可以改從事體育行銷專家、體育廣播人員、休閒體育教育工作者等職業。實際上，這種職業生態體系已經大體形成了，讓只會玩遊戲的孩子其視野拓寬是大人們的事，只有這樣想，孩子才能更加有智慧地準備未來。但假如家長對現代職業生態界不了解或認為只是一種手機副作用的話，就無法對孩子提出任何有建設性的建議，只會平添彼此矛盾而已。不論媒體業或體育業的本質，在油管生態界及遊戲產業生態系統中仍是有效的。

所有人都認同的標準

對於公司又是如何呢？在組織內部，擁有符合數位文明的眼光更為重要，這不僅是因為組織的創新是絕對必要的，更重要的是，個人今後能做為人才多久持續工作，這點取決於以下這個態度，我們在漫長歲月裡習慣了垂直的組織文化，新員工向股長學習，股長向科長學習，科長向經理學習，經理向總經理學習，總經理向老闆學習，這是我們的一般常識。

然而市場發生了變化，消費者的常識也改變了。現在需要新的商業模式以及新的創意。新職員的創意要加上組織的經驗，因此必須改變公司整個組織體系。老闆應該以身作則改變組織的DNA，股長接受新進職員的新鮮想法的話，就可以變成「沒錯，這就是社長要的！」。

最近有些公司發生了前所未有的各樣矛盾。不僅有因為20多歲員工態度荒唐而引發不滿的案例，也有因為40多歲老闆在卡考說說群組聊天室上傳的文字過分顯得倚老賣老，而使得下屬們紛紛說閒話，最後導致全世界都知道的幕後故事，甚至還有老闆打罵下屬而遭到輿論圍攻的例子；過去被認為是慣例的聚餐文化如今也成了令人指責唾棄的對象；過去認為沒什麼了不起的發言，如今是性騷擾、語言暴力，更是成為社會問題。之所以會發生這樣的事情，都是因為過去的社會標準和現今手機智人文明標準有很大的差異。建構數位溝通體系和創新網路辦公方式固然重要，但更重要的是從內部開始激發文明標準發生變化。

一般大眾心目中的文明標準已經不同了，企業文化、組織文化也要隨之改變。對此，企業已經製作了很多影像資料，來執行職員教育，改正過去錯誤的慣例，但絕大多數的人只談論不該做的事。光是廢除不合理慣例這樣被動的做法是不夠的，也應該努力把新消費文明導入公司組織文化中，就像努力將副作用最小化一樣，應該從反面看待革新。如何定義職場中新的人際關係、工作處理方式、工作態度，都需要大家相互思考，在消費者文明與眼光一致的大原則下自發形成一種新公司文化。

因此，現在我們需要以革新為標準的數據。新職員和年長老闆的想法有天壤之別，不能無條件斷定新職員是對的，也不能因此就認為部長總是對的。判斷應該交由數據來做，如果公司的生存取決於與客戶的溝通，同意他們所期盼的主打項目是核心內容，那麼公司組織運作的標準也應該相對應。我們要不斷地透過數據來確認公司的主要客戶正在運用什麼樣的媒體、在哪裡購物、又享受著什麼樣的生活方式、制定何種文明標準，同時把這些數據反映到公司組織文化中。事實上，以客戶數據為基礎，推進客戶核心的業務發展，自然就會使新消費文明滲透到公司裡。從老闆到新職員都將目標訂在抓住顧客的心，這就是企業革新的方向，從老闆到員工都要認真學習新文明並勤於擴散它。公司成立新的特遣小組，引導公司每位成員學習現在正快速變化的數位消費文明，使數位消費文明植入所有的組織中，要讓所有公司成員知道企業內部的決策文化已經改變。唯有所有公司成員都意識到基因早已改變，才能開始革新。革新並非改善而是改變一切。企業若要革新，就必須改變企業思維與執行的系統。

結語

在改變的文明裡「人」依然是正解

韓國長輩們對智慧型手機文明的評價似乎不怎麼厚道，都說手機使人愚蠢。但我們的大腦退化到連朋友的手機號碼都記不起來，多虧了這臺幫我們記錄生活點滴又幫我們處理生活大小事的機械裝置。藉由手機散播的線上遊戲，被認為是啃食青少年精神及心靈的「毒藥」；讓青少年為之瘋狂的社群網站被看成是「浪費生命」，讓人擔憂人際關係的受損及虛度光陰。因過分使用手機而造成副作用的相關報導橫行，韓國搖身一變成為積極防止手機文明擴散的共和國。雖然副作用的存在是不可否認的事實，但我們也有所忽略，那就是智慧型手機驚人的革新性。到目前為止，本書講述了很多關於手機智人文明的特點及變化的面貌。市場變化與消費趨勢創造的數據指出現在正是名符其實的「革命時代」。我們需要做的事情變多了，必須學習新文明、要努力閱讀消費者創造的數據，還要熟練締造主打項目的專業技術等，這一系列的過程與努力都相當重要。

然而最重要的還是「人」。我想以革命時代最終的正解還是「人」來作為本書收尾。

韓國在過去60年間取得了令全世界稱羨的宏偉發展，從智慧型手機、電腦、電視等家電產品到汽車、民生用品、化妝品等各式商品都可以在韓國國內直接親自生產，是世界上少數幾個能做到這種地步的國家。不只是這樣，韓國還開發了聊天應用程式（卡考說說）與韓國最大入口網站（雷寶），這是隔壁強國日本所沒有的，而且在數位金融服務方面，只要排除幾項限制也能堪稱世界一流。另外，韓國文化產業躋身亞洲第一，並且正擴大粉絲群至全球各地。 這一切成就都是從平均國民所得不到100美元開始的，韓國僅僅用了60年的時間就達成今天的成果。再者，這些驚人事蹟還是出自於長期處於軍事對立的分裂國家，各個成就都完全向全世界證明了韓國的潛力規模是如此令人嘆為觀止。

韓國人一直以來總是這樣想，我們擁有的只有人，在沒有資源，沒有累積的資本，沒有技術的國家裡，能走到今天都只靠「人」的力量。

所以韓國人對人很敏感，對孩子的教育熱情是世界第一，別人的事情也都像我的事一樣，與他人一起高興，一起傷心。韓國就是一個愛噓寒問暖的社會，個人隱私都敢不避諱地向他人過問的社會，「你住哪裡啊？」「上哪間教會啊？」「結婚了嗎？ 」就這樣很順口自然地互相問候關心，這就是韓國社會。去餐館吃飯也有餐館的媽媽飯，朋友的媽媽也是我媽媽，人與人之間的關係如此緊密，反而成為問題的就是韓國社會。

隨著手機智人時代、數位消費文明時代的到來，我們正經歷著市場急劇變化。至今為止所有的組織文化、社會階級秩序、公司職員之間的關係，甚至家庭成員結構及成員彼此間的關係等，幾乎所有人之間的關係都在重新確立。因為消費模式的變化導致企業的營運方式與組織運作等都有所改變，在一片混亂的情況下，能夠支配新市場最堅定不拔的原則就是「顧客至上」，在這個時代若想要吸引身為王者的顧客，唯一的祕訣就只有「懂人」，即使是在已經改變的文明中，答案依然取決於人身上。透過人與人的互動關係，勤奮地培養與他人達成共鳴的能力，並透過多元多樣的人際關係網找出人們喜歡的事物，而且熟悉這種感覺，這是相當重要的。

當然方法與過去不同，現在我們必須透過社群網站進行多樣活動，累積新的經驗，也要積極學習以數據變化導向的文化趨勢，並同時快速學習與複製必要的專業知識，積極學習新文明的新語言體系，並盡全力爭取在數位文明世界裡收穫最多。所有活動勢必伴隨著副作用，有時導致浪費時間，也有時會有中毒風險，或是糜費情感與消磨能量。

然而我們不該被副作用束縛，必須大力活用新文明尋找可以施展表現自己的機會。如果從副作用這三個字去除「副」並開始尋找革新的「淨」作用，就能看到遠大機會，這就是數位文明的特色。如果說我們從以前至今玩耍的空間是在「地上」，那麼數位文明的遊樂空間就是「無際蔚藍天空」，我想我們可以一同準備飛向湛藍天穹。

如果把「革命時代」看作「革新機會」，大家一起為未來作準備的話，手機智人時代確實是我們的機會。 看看我們手上握有的才能相當有機會呢！如果說數位文明的擴散是無法回頭的未來，大家會如何選擇呢？

百年難得一見不容錯過的機會之門已經打開了，讓我們超越革命危機，一起迎向全新的機會時代。

台灣廣廈 國際出版集團
Taiwan Mansion International Group

國家圖書館出版品預行編目（CIP）資料

手機智人 Phono-Spiens：你準備好成為消費者至上時代被需要的人才並掌握必備的商業戰略了嗎？/ 崔在鵬著；許雅筑譯. -- 初版. -- 新北市：財經傳訊, 2020.07
面； 公分. --（sense ; 56）
ISBN 978-986-979-837-2

448.845 108019892

財經傳訊
TIME & MONEY

手機智人 Phono-Spiens

你準備好成為消費者至上時代被需要的人才並掌握必備的商業戰略了嗎？

韓文書名：본작품(저자): 포노 사피엔스 (최재붕)

作　　者／崔在鵬
譯　　者／許雅筑
編輯中心／第五編輯室
編 輯 長／方宗廉
封面設計／16 設計
製版・印刷・裝訂／東豪・弼聖・秉成

行企研發中心總監／陳冠蒨
媒體公關組／陳柔芝
整合行銷組／陳宜鈐
綜合業務組／何欣穎

發 行 人／江媛珍
法律顧問／第一國際法律事務所 余淑杏律師・北辰著作權事務所 蕭雄淋律師
出　　版／台灣廣廈有聲圖書有限公司
地址：新北市235中和區中山路二段359巷7號2樓
電話：（886）2-2225-5777・傳真：（886）2-2225-8052

代理印務・全球總經銷／知遠文化事業有限公司
地址：新北市222深坑區北深路三段155巷25號5樓
電話：（886）2-2664-8800・傳真：（886）2-2664-8801
網址：www.booknews.com.tw（博訊書網）

郵政劃撥／劃撥帳號：18836722
劃撥戶名：知遠文化事業有限公司（※ 單次購書金額未達500元，請另付60元郵資。）

■出版日期：2020年07月
ISBN：978-986-979-837-2